煤矿防治水细则与煤矿防治水规定（条文对比）

煤炭信息研究院　编

煤炭工业出版社

·北　京·

图书在版编目（CIP）数据

煤矿防治水细则与煤矿防治水规定：条文对比／煤炭
信息研究院编．－－北京：煤炭工业出版社,2018(2018.9 重印)

ISBN 978－7－5020－6762－5

Ⅰ.①煤…　Ⅱ.①煤…　Ⅲ.①煤矿—矿山防水—中国

Ⅳ.①TD745

中国版本图书馆 CIP 数据核字（2018）第 148650 号

煤矿防治水细则与煤矿防治水规定（条文对比）

编　　者	煤炭信息研究院
责任编辑	李振祥　张　成
编　　辑	刘晓天
责任校对	尤　爽
封面设计	王　滨

出版发行　煤炭工业出版社（北京市朝阳区芍药居 35 号　100029）
电　　话　010－84657898（总编室）　010－84657880（读者服务部）
网　　址　www.cciph.com.cn
印　　刷　北京市庆全新光印刷有限公司
经　　销　全国新华书店

开　　本　710mm×1000mm$^1/_{16}$　印张　9$^1/_4$　字数　122 千字
版　　次　2018 年 7 月第 1 版　2018 年 9 月第 2 次印刷
社内编号　20180900　　　　　　定价　36.00 元

目　　次

编 排 说 明

一、本书中 2018 年 6 月最新发布的《煤矿防治水细则》为新条文，2009 年 12 月实施的《煤矿防治水规定》为旧条文；

二、《煤矿防治水细则》条文与《煤矿防治水规定》条文分别采用单、双页码对比排版；

三、《煤矿防治水规定》条文采用灰度底色，区分《煤矿防治水细则》条文；

四、《煤矿防治水细则》中已作修改的内容以及新修订条款采用黑体并下划浪纹线加以区别和突出；

五、《煤矿防治水细则》条文采用顺序排版，但局部有分离；《煤矿防治水规定》条文采用对应比较，局部前后顺序有变动。

第一章　总　　则

第一条　为加强煤矿的防治水工作，防止和减少水害事故，保障煤矿职工生命安全，根据《安全生产法》、《矿山安全法》、《国务院关于预防煤矿生产安全事故的特别规定》等法律、行政法规，制定本规定。

第二条　煤矿企业（矿井）、有关单位的防治水工作，适用本规定。

现行煤矿安全规程、规范、标准等有关防治水的内容与本规定不一致的，依照本规定执行。

第三条　防治水工作应当坚持预测预报、有疑必探、先探后掘、先治后采的原则，采取防、堵、疏、排、截的综合治理措施。

第四条　煤矿企业、矿井的主要负责人（含法定代表人、实际控制人，下同）是本单位防治水工作的第一责任人，总工程师（技术负责人，下同）具体负责防治水的技术管理工作。

第五条　煤矿企业、矿井应当按照本单位的水害情况，配备满足工作需要的防治水专业技术人员，配齐专用探放水设备，建立专门的探放水作业队伍。

第一章 总 则

第一条 为了加强煤矿防治水工作，防止和减少事故，保障职工生命安全**和健康**，根据《中华人民共和国安全生产法》《中华人民共和国矿山安全法》《国务院关于预防煤矿生产安全事故的特别规定》和《煤矿安全规程》等，制定本细则。

第二条 煤炭企业、煤矿和有关单位的防治水工作，适用本细则。

第三条 煤矿防治水工作应当坚持预测预报、有疑必探、先探后掘、先治后采的原则，**根据不同水文地质条件**，采取**探**、防、堵、疏、排、截、**监**等综合防治措施。

煤矿必须落实防治水的主体责任，推进防治水工作由过程治理向源头预防、局部治理向区域治理、井下治理向井上下结合治理、措施防范向工程治理、治水为主向治保结合的转变，构建理念先进、基础扎实、勘探清楚、科技攻关、综合治理、效果评价、应急处置的防治水工作体系。

第四条 煤炭企业、煤矿的主要负责人（法定代表人、实际控制人，下同）是本单位防治水工作的第一责任人，总工程师（技术负责人，下同）负责防治水的技术管理工作。

第五条 煤矿应当**根据**本单位的水害情况，配备满足工作需要的防治水专业技术人员，配齐专用的探放水设备，建立专门的探放水作业队伍，**储备必要的水害抢险救灾设备和物资**。

水文地质条件复杂、极复杂的煤矿企业、矿井，除符合本条第一款规定外，还应当设立专门的防治水机构。

第六条　煤矿企业、矿井应当建立健全水害防治岗位责任制、水害防治技术管理制度、水害预测预报制度和水害隐患排查治理制度。

第七条　煤矿企业、矿井应当编制本单位的防治水中长期规划和年度计划，并组织实施。

第八条　煤矿企业、矿井的井田范围内及周边区域水文地质条件不清楚的，应当采取有效措施，查明水害情况。在水害情况查明前，严禁进行采掘活动。

发现矿井有透水征兆时，应当立即停止受水害威胁区域内的采掘作业，撤出作业人员到安全地点，采取有效安全措施，分析查找透水原因。

第九条　煤矿企业、矿井应当对职工进行防治水知识的教育和培训，保证职工具备必要的防治水知识，提高防治水工作的技能和抵御水灾的能力。

第十条　煤矿企业、矿井应当加强防治水技术研究和科技攻关，推广使用防治水的新技术、新装备和新工艺，提高防治水工作的科技水平。

水文地质条件复杂、极复杂的煤矿企业、矿井，应当装备必要的防治水抢险救灾设备。

水文地质**类型**复杂、极复杂的煤矿，还应当设立专门的防治水机构、**配备防治水副总工程师**。

第六条 煤炭企业、煤矿应当结合本单位实际情况建立健全水害防治岗位责任制、水害防治技术管理制度、水害预测预报制度、水害隐患排查治理制度、**探放水制度、重大水患停产撤人制度以及应急处置制度等**。

煤矿主要负责人必须赋予调度员、安检员、井下带班人员、班组长等相关人员紧急撤人的权力，发现突水（透水、溃水，下同）征兆、极端天气可能导致淹井等重大险情，立即撤出所有受水患威胁地点的人员，在原因未查清、隐患未排除之前，不得进行任何采掘活动。

第七条 煤炭企业、煤矿应当编制本单位防治水中长期规划(**5 年**)和年度计划，并组织实施。**煤矿防治水应当做到"一矿一策、一面一策"，确保安全技术措施的科学性、针对性和有效性。**

第八条 当矿井水文地质条件尚未查清时，应当进行水文地质补充勘探工作。在水害隐患情况未查明或者**未消除之前，严禁进行采掘活动。**

第九条 矿井应当建立地下水动态监测系统，对井田范围内主要充水含水层的水位、水温、水质等进行长期动态观测，对矿井涌水量进行动态监测。受底板承压水威胁的水文地质类型复杂、极复杂矿井，应当采用微震、微震与电法耦合等科学有效的监测技术，建立突水监测预警系统，探测水体及导水通道，评估注浆等工程治理效果，监测导水通道受采动影响变化情况。

第十条 煤炭企业、煤矿应当对**井下**职工进行防治水知识的教育和培训，对**防治水专业人员进行新技术、新方法的再教育**，提高防治水工作技能和有效处置水灾的应急能力。

第十一条 煤炭企业、煤矿和**相关单位**应当加强防治水技术研究和科技攻关，推广使用防治水的新技术、新装备和新工艺，提高防治水工作的科技水平。

第二章　矿井水文地质类型划分及基础资料

第一节　矿井水文地质类型划分

第十一条　根据矿井受采掘破坏或者影响的含水层及水体、矿井及周边老空水分布状况、矿井涌水量或者突水量分布规律、矿井开采受水害影响程度以及防治水工作难易程度，矿井水文地质类型划分为简单、中等、复杂、极复杂等4种（表2-1）。

第十二条　矿井应当对本单位的水文地质情况进行研究，编制矿井水文地质类型划分报告，并确定本单位的矿井水文地质类型。矿井水文地质类型划分报告，由煤矿企业总工程师负责组织审定。

矿井水文地质类型划分报告，应当包括下列主要内容：

（一）矿井所在位置、范围及四邻关系，自然地理等情况；

（二）以往地质和水文地质工作评述；

（三）井田水文地质条件及含水层和隔水层分布规律和特征；

（四）矿井充水因素分析，井田及周边老空区分布状况；

（五）矿井涌水量的构成分析，主要突水点位置、突水量及处理情况；

（六）对矿井开采受水害影响程度和防治水工作难易程度评价；

（七）矿井水文地质类型划分及防治水工作建议。

第二章　矿井水文地质类型划分及基础资料

第一节　矿井水文地质类型划分

第十二条　根据井田内受采掘破坏或者影响的含水层及水体、井田及周边老空（火烧区，下同）水分布状况、矿井涌水量、突水量、开采受水害影响程度和防治水工作难易程度，将矿井水文地质类型划分为简单、中等、复杂和极复杂4种类型（表2-1）。

第十三条　矿井应当收集水文地质类型划分各项指标的相关资料，分析矿井水文地质条件，编制矿井水文地质类型报告，由煤炭企业总工程师组织审批。

矿井水文地质类型报告，应当包括下列主要内容：

（一）矿井所在位置、范围及四邻关系，自然地理，防排水系统等情况；

（二）以往地质和水文地质工作评述；

（三）井田地质、水文地质条件；

（四）矿井充水因素分析，井田及周边老空水分布状况；

（五）矿井涌水量的构成分析，主要突水点位置、突水量及处理情况；

（六）矿井未来3年采掘和防治水规划，开采受水害影响程度和防治水工作难易程度评价；

（七）矿井水文地质类型划分结果及防治水工作建议。

表2-1　矿井水文地质类型

分类依据		类　　　　别			
		简　单	中　等	复　杂	极复杂
受采掘破坏或影响的含水层及水体		受采掘破坏或影响的孔隙、裂隙、岩溶含水层，补给条件差，补给来源少或极少	受采掘破坏或影响的孔隙、裂隙、岩溶含水层，补给条件一般，有一定的补给水源	受采掘破坏或影响的主要是溶岩岩溶含水层、厚层砂砾石含水层、老空水，地表水，老空水，其补给条件好，补给水源充沛	受采掘破坏或影响的是岩溶含水层、老空水、地表水，其补给条件很好，补给来源极其充沛，地表泄水条件差
单位涌水量 q/(L·s^{-1}·m^{-1})		$q \leqslant 0.1$	$0.1 < q \leqslant 1.0$	$1.0 < q \leqslant 5.0$	$q > 5.0$
矿井及周边老空水分布状况		无老空积水	存在少量老空积水，位置、范围、积水量清楚	存在少量老空积水，位置、范围、积水量不清楚	存在大量老空积水，位置、范围、积水量不清楚
矿井涌水量/(m³·h^{-1})	正常 Q_1	$Q_1 \leqslant 180$（西北地区 $Q_1 \leqslant 90$）	$180 < Q_1 \leqslant 600$（西北地区 $90 < Q_1 \leqslant 180$）	$600 < Q_1 \leqslant 2100$（西北地区 $180 < Q_1 \leqslant 1200$）	$Q_1 > 2100$（西北地区 $Q_1 > 1200$）
	最大 Q_2	$Q_2 \leqslant 300$（西北地区 $Q_2 \leqslant 210$）	$300 < Q_2 \leqslant 1200$（西北地区 $210 < Q_2 \leqslant 600$）	$1200 < Q_2 \leqslant 3000$（西北地区 $600 < Q_2 \leqslant 2100$）	$Q_2 > 3000$（西北地区 $Q_2 > 2100$）
突水量 Q_3/(m³·h^{-1})		无	$Q_3 \leqslant 600$	$600 < Q_3 \leqslant 1800$	$Q_3 > 1800$
开采受水害影响程度		采掘工程不受水害影响	矿井偶有突水，采掘工程受水害影响，但不威胁矿井安全	矿井时有突水，采掘工程、矿井安全受水害威胁	矿井突水频繁，采掘工程、矿井安全受水害严重威胁
防治水工作难易程度		防治水工作简单	防治水工作简单或易于进行	防治水工作量较大、难度较高	防治水工程量大、难度高

注：1. 单位涌水量以井田主要充水含水层中有代表性的为准。

2. 在单位涌水量 q、矿井涌水量 Q_1、Q_2 和矿井突水量 Q_3 中，以最大值作为分类依据。

3. 同一井田煤层较多，且水文地质条件变化较大时，应当分煤层进行矿井水文地质类型划分。

4. 按分类依据就高不就低的原则，确定矿井水文地质类型。

表 2 - 1 矿井水文地质类型

分类依据		类别			
		简单	中等	复杂	极复杂
井田内受采掘破坏或者影响的含水层及水体	含水层（水体）性质及补给条件	为孔隙、裂隙、岩溶含水层，补给条件差，补给来源少或者极少	为孔隙、裂隙、岩溶含水层，补给条件一般，有一定的补给水源	为岩溶含水层、厚层砂砾石含水层、老空水，其补给条件好，补给水源充沛	为岩溶含水层、老空水、地表水，其补给条件很好，补给来源极其充沛，地表泄水条件差
	单位涌水量 $q/(\text{L·s}^{-1}\text{·m}^{-1})$	$q \leq 0.1$	$0.1 < q \leq 1.0$	$1.0 < q \leq 5.0$	$q > 5.0$
井田及周边老空水分布状况		无老空积水	位置、范围、积水量清楚	位置、范围不清楚或者积水量	位置、范围、积水量不清楚
矿井涌水量/$(\text{m}^3\text{·h}^{-1})$	正常 Q_1	$Q_1 \leq 180$	$180 < Q_1 \leq 600$	$600 < Q_1 \leq 2100$	$Q_1 > 2100$
	最大 Q_2	$Q_2 \leq 300$	$300 < Q_2 \leq 1200$	$1200 < Q_2 \leq 3000$	$Q_2 > 3000$
突水量 $Q_3/(\text{m}^3\text{·h}^{-1})$		$Q_3 \leq 60$	$60 < Q_3 \leq 600$	$600 < Q_3 \leq 1800$	$Q_3 > 1800$
开采受水害影响程度		采掘工程不受水害影响	矿井偶有突水，采掘工程受水害影响，但不威胁矿井安全	矿井时有突水，采掘工程、矿井安全受水害威胁	矿井突水频繁，采掘工程、矿井安全受水害严重威胁
防治水工作难易程度		防治水工作简单	防治水工作简单或者易于进行	防治水工作量较大	防治水工作难度高，工程量大

注：1. 单位涌水量 q 以井田主要充水含水层中有代表性的最大值为分类依据；

2. 矿井涌水量 Q_1、Q_2 和突水量 Q_3 以近 3 年最大值为分类依据。含水层富水性及突水点等级划分标准见附录一；

3. 同一井田煤层较多，且水文地质条件变化较大时，应当分煤层进行矿井水文地质类型划分；

4. 按分类依据就高不就低的原则，确定矿井水文地质类型。

第十三条　矿井水文地质类型应当每 3 年进行重新确定。当发生重大突水事故后，矿井应当在 1 年内重新确定本单位的水文地质类型。

重大突水事故，是指突水量首次达到 300 m^3/h 以上或者造成死亡 3 人以上的突水事故。

第二节　矿井防治水基础资料

第十六条　矿井应当建立下列防治水基础台账：

（一）矿井涌水量观测成果台账；

（二）气象资料台账；

（三）地表水文观测成果台账；

（四）钻孔水位、井泉动态观测成果及河流渗漏台账；

（五）抽（放）水试验成果台账；

（六）矿井突水点台账；

（七）井田地质钻孔综合成果台账；

（八）井下水文地质钻孔成果台账；

（九）水质分析成果台账；

（十）水源水质受污染观测资料台账；

（十一）水源井（孔）资料台账；

（十二）封孔不良钻孔资料台账；

（十三）矿井和周边煤矿采空区相关资料台账；

（十四）水闸门（墙）观测资料台账；

（十五）其他专门项目的资料台账。

矿井防治水基础台账，应当认真收集、整理，实行计算机数据库管理，长期保存，并每半年修正 1 次。

第十七条　新建矿井应当按照矿井建井的有关规定，在建井期间收集、整理、分析有关矿井水文地质资料，并在建井完成后将资料全部移

第十四条 矿井水文地质类型应当每 3 年**修订 1 次**。当发生**较大以上水害事故或者因突水造成采掘区域或矿井被淹的，应当在恢复生产前重新确定矿井水文地质类型**。

第二节 基 础 资 料

第十五条 矿井应当**根据实际情况**建立下列防治水基础台账，**并至少每半年整理完善 1 次**。

（一）矿井涌水量观测成果台账；

（二）气象资料台账；

（三）地表水文观测成果台账；

（四）钻孔水位、井泉动态观测成果及河流渗漏台账；

（五）抽（放）水试验成果台账；

（六）矿井突水点台账；

（七）井田地质钻孔综合成果台账；

（八）井下水文地质钻孔成果台账；

（九）水质分析成果台账；

（十）水源水质受污染观测资料台账；

（十一）水源井（孔）资料台账；

（十二）封孔不良钻孔资料台账；

（十三）矿井和周边煤矿采空区相关资料台账；

（十四）**防水闸门**（墙）观测资料台账；

（十五）**物探成果验证台账**；

（十六）其他专门项目的资料台账。

第十六条 **建设**矿井应当按照矿井建设的有关规定，在建井期间收集、整理、分析有关水文地质资料，并在建井完成后将**井田地质勘探报**

交给生产单位。

新建矿井应当编制下列主要图件：

（一）水文地质观测台账和成果；

（二）突水点台账、记录和有关防治水的技术总结，以及注浆堵水记录和有关资料；

（三）井筒及主要巷道水文地质实测剖面；

（四）建井水文地质补充勘探成果；

（五）建井水文地质报告（可与建井地质报告合在一起）。

第十四条　矿井应当编制井田地质报告、建井设计和建井地质报告。井田地质报告、建井设计和建井地质报告应当有相应的防治水内容。

第十五条　矿井应当按照规定编制下列防治水图件：

（一）矿井充水性图；

（二）矿井涌水量与各种相关因素动态曲线图；

（三）矿井综合水文地质图；

（四）矿井综合水文地质柱状图；

（五）矿井水文地质剖面图。

其他有关防治水图件由矿井根据实际需要编制。

矿井应当建立数字化图件，内容真实可靠，并每半年对图纸内容进行修正完善。

矿井水文地质主要图件内容及要求见附录一。

第十八条　矿井在废弃关闭之前，应当编写闭坑报告。闭坑报告应当包括下列主要内容：

（一）闭坑前的矿井采掘空间分布情况，对可能存在的充水水源、通道、积水量和水位等情况的分析评价；

（二）闭坑对邻近生产矿井安全的影响和采取的防治水措施。

闭坑报告（包括图纸资料）应当报所在地煤炭行业管理部门备案。

告、建井设计及建井地质报告等资料全部移交给生产单位。

建设矿井应当编制下列主要成果及图件：

（一）水文地质观测台账和成果；

（二）突水点台账，防治水的技术总结，注浆堵水记录和有关资料；

（三）井筒及主要巷道水文地质实测剖面；

（四）建井水文地质补充勘探成果（**如井筒检查孔等**）；

（五）**建井地质报告，应当包含防治水的相关内容。**

第十七条　生产矿井应当编制**包括防治水内容的**生产地质报告，并按照规定编制下列水文地质图件：

（一）矿井综合水文地质图；

（二）矿井综合水文地质柱状图；

（三）矿井水文地质剖面图；

（四）矿井充水性图；

（五）矿井涌水量与相关因素动态曲线图。

矿井水文地质图件主要内容及要求见附录二，**并至少每半年修订1次**。

其他有关防治水图件由矿井根据实际需要编制。

第十八条　矿井闭坑报告应当包括下列防治水相关内容：

（一）闭坑前的矿井采掘空间分布情况，对可能存在的充水水源、通道、积水量和水位等情况的分析评价；

（二）闭坑对邻近生产矿井安全的影响和采取的防治水措施；

（三）**矿井关闭时采取的水害隐患处置工作及关闭后淹没过程检测监控情况。**

第十九条　矿井应当建立水文地质信息管理系统，实现矿井水文地质文字资料收集、数据采集、图件绘制、计算评价和矿井防治水预测预报一体化。

第十九条　矿井应当建立水文地质信息管理系统，实现矿井水文地质文字资料收集、数据采集、**台账编制**、图件绘制、计算评价和水害预测预报一体化。

第三章　水文地质补充调查与勘探

第四节　水文地质补充勘探

第二十九条　矿井有下列情形之一的，应当进行水文地质补充勘探工作：

（一）矿井主要勘探目的层未开展过水文地质勘探工作的；

（二）矿井原勘探工程量不足，水文地质条件尚未查清的；

（三）矿井经采掘揭露煤岩层后，水文地质条件比原勘探报告复杂的；

（四）矿井经长期开采，水文地质条件已发生较大变化，原勘探报告不能满足生产要求的；

（五）矿井开拓延深、开采新煤系(组)或者扩大井田范围设计需要的；

（六）矿井巷道顶板处于特殊地质条件部位或者深部煤层下伏强充水含水层，煤层底板带压，专门防治水工程提出特殊要求的；

（七）各种井巷工程穿越强富水性含水层时，施工需要的。

第三十条　水文地质补充勘探工程量布置，应当满足相应的工作程度，并达到防治水工作的要求。

矿井进行水文地质补充勘探时，应当对包括勘探矿区在内的区域地下水系统进行整体分析研究；在矿井井田以外区域，应当以水文地质测绘调查为主；在矿井井田以内区域，应当以水文地质物探、钻探和抽

第三章　矿井水文地质补充勘探

第一节　一　般　规　定

第二十条　矿井有下列情形之一的，应当开展水文地质补充勘探工作：

（一）矿井主要勘探目的层未开展过水文地质勘探工作的；

（二）矿井原勘探工作量不足，水文地质条件尚未查清的；

（三）矿井经采掘揭露煤岩层后，水文地质条件比原勘探报告复杂的；

（四）矿井水文地质条件发生较大变化，原有勘探成果资料难以满足生产建设需要的；

（五）矿井开拓延深、开采新煤系(组)或者扩大井田范围设计需要的；

（六）矿井采掘工程处于特殊地质条件部位，强富水松散含水层下提高煤层开采上限或者强富水含水层上带压开采，专门防治水工程设计、施工需要的；

（七）矿井井巷工程穿过强含水层或者地质构造异常带，防治水工程设计、施工需要的。

第二十一条　矿井水文地质补充勘探应当针对具体问题合理选择勘查技术、方法，井田外区域以遥感水文地质测绘等为主，井田内以水文地质物探、钻探、试验、实验及长期动态观（监）测等为主，进行综合勘查。

（放）水试验等为主。

矿井水文地质补充勘探工作应当根据矿井水文地质类型和具体条件，综合运用水文地质补充调查、地球物理勘探、水文地质钻探、抽（放）水试验、水化学和同位素分析、地下水动态观测、采样测试等各种勘查技术手段，积极采用新技术、新方法。

矿井水文地质补充勘探应当编制补充勘探设计，经煤矿企业总工程师组织审查后实施。补充勘探设计应当依据充分、目的明确、工程布置针对性强，并充分利用矿井现有条件，做到井上、井下相结合。

水文地质补充勘探工作完成后，应当及时提交成果报告或者资料，由煤矿企业总工程师组织审查、验收。

第一节　水文地质补充调查

第二十条　当矿区或者矿井现有水文地质资料不能满足生产建设的需要时，应当针对存在的问题进行专项水文地质补充调查。矿区或者矿井未进行过水文地质调查或者水文地质工作程度较低的，应当进行补充水文地质调查。

第二十一条　水文地质补充调查范围应当覆盖一个具有相对独立补给、径流、排泄条件的地下水系统。

第二十二条　水文地质补充调查除采用传统方法外，还可采用遥感、全球卫星定位、地理信息系统等新技术、新方法。

第二十三条　水文地质补充调查，应当包括下列主要内容：

（一）资料收集。收集降水量、蒸发量、气温、气压、相对湿度、风向、风速及其历年月平均值和两极值等气象资料。收集调查区内以往勘查研究成果，动态观测资料，勘探钻孔、供水井钻探及抽水试验资料；

第二十二条　矿井水文地质补充勘探应当根据相关规范编制补充勘探设计，经煤炭企业总工程师组织审批后实施。

补充勘探工作完成后，应当及时提交**矿井水文地质补充勘探报告**和相关成果，由煤炭企业总工程师组织**评审**。

第二节　水文地质补充调查

第二十三条　水文地质**测绘应当采用**遥感水文地质测绘方法，应用全球卫星定位**系统**、地理信息系统、**数字影像、互联网等技术手段，**提**高测绘质量。区域水文地质测绘比例尺应当采用 1：100000 ~ 1：10000，矿区应当采用 1：10000 ~ 1：2000**。

第二十四条　水文地质补充调查应当包括下列主要内容：

（一）资料收集。收集降水量、蒸发量、气温、气压、相对湿度、风向、风速及其历年月平均值、两极值等气象资料。收集调查区内以往勘查研究成果，动态观测资料，勘探钻孔、供水井钻探及抽水试验资料；

（二）地貌地质的情况。调查收集由开采或地下水活动诱发的崩塌、滑坡、人工湖等地貌变化、岩溶发育矿区的各种岩溶地貌形态。对第四系松散覆盖层和基岩露头，查明其时代、岩性、厚度、富水性及地下水的补排方式等情况，并划分含水层或相对隔水层。查明地质构造的形态、产状、性质、规模、破碎带（范围、充填物、胶结程度、导水性）及有无泉水出露等情况，初步分析研究其对矿井开采的影响；

（三）地表水体的情况。调查与收集矿区河流、水渠、湖泊、积水区、山塘和水库等地表水体的历年水位、流量、积水量、最大洪水淹没范围、含泥砂量、水质和地表水体与下伏含水层的水力关系等。对可能渗漏补给地下水的地段应当进行详细调查，并进行渗漏量监测；

（八）地面岩溶的情况。调查岩溶发育的形态、分布范围。详细调查对地下水运动有明显影响的补给和排泄通道，必要时可进行连通试验和暗河测绘工作。分析岩溶发育规律和地下水径流方向，圈定补给区，测定补给区内的渗漏情况，估算地下水径流量。对有岩溶塌陷的区域，进行岩溶塌陷的测绘工作。

（四）井泉的情况。调查井泉的位置、标高、深度、出水层位、涌水量、水位、水质、水温、有无气体溢出、溢出类型、流量（浓度）及其补给水源，并素描泉水出露的地形地质平面图和剖面图；

（五）古井老窑的情况。调查古井老窑的位置及开采、充水、排水的资料及老窑停采原因等情况，察看地形，圈出采空区，并估算积水量；

（七）周边矿井的情况。调查周边矿井的位置、范围、开采层位、充水情况、地质构造、采煤方法、采出煤量、隔离煤柱以及与相邻矿井的空间关系，以往发生水害的观测研究资料，并收集系统完整的采掘工程平面图及有关资料；

（六）生产矿井的情况。调查研究矿区内生产矿井的充水因素、充水方式、突水层位、突水点的位置与突水量，矿井涌水量的动态变化与开采水平、开采面积的关系，以往发生水害的观测研究资料和防治水措施及效果；

（二）地貌地质。调查收集由开采或者地下水活动诱发的崩塌、滑坡、**地裂缝**、人工湖等地貌变化、岩溶发育矿区的各种岩溶地貌形态。对松散覆盖层和基岩露头，查明其时代、岩性、厚度、富水性及地下水的补排方式等情况，并划分含水层或者相对隔水层。查明地质构造的形态、产状、性质、规模、破碎带（范围、充填物、胶结程度、导水性）及有无泉水出露等情况，初步分析研究其对矿井开采的影响；

（三）地表水体。调查收集矿区河流、水渠、湖泊、积水区、山塘、水库等地表水体的历年水位、流量、积水量、最大洪水淹没范围、含泥沙量、水质以及与下伏含水层的水力联系等。对可能渗漏补给地下水的地段应当进行详细调查，并进行渗漏量监测；

（四）地面岩溶。调查岩溶发育的形态、分布范围。详细调查对地下水运动有明显影响的补给和排泄通道，必要时可进行连通试验和暗河测绘工作。分析岩溶发育规律和地下水径流方向，圈定补给区，测定补给区内的渗漏情况，估算地下水径流量。对有岩溶塌陷的区域，进行岩溶塌陷的测绘工作；

（五）井泉。调查井泉的位置、标高、深度、出水层位、涌水量、水位、水质、水温、**气体溢出情况及类型**、流量（浓度）及其补给水源。素描泉水出露的地形地质平面图和剖面图；

（六）**老空**。调查**老空**的位置、**分布范围、积水量及补给情况等，分析空间位置关系以及对矿井生产的影响**；

（七）周边矿井。调查周边矿井的位置、范围、开采层位、充水情况、地质构造、采煤方法、采出煤量、隔离煤柱以及与相邻矿井的空间关系，以往发生水害的观测资料，并收集系统完整的采掘工程平面图及有关资料；

（八）本矿井历史资料。收集整理矿井充水因素、突水情况、矿井涌水量动态变化情况、防治水措施及效果等。

第二节　地面水文地质观测

第二十四条　矿区、矿井地面水文地质观测应当包括下列主要内容：

（一）进行气象观测。距离气象台（站）大于 30 km 的矿区（井），设立气象观测站。站址的选择和气象观测项目，符合气象台（站）的要求。距气象台（站）小于 30 km 的矿区（井），可以不设立气象观测站，仅建立雨量观测站；

（二）进行地表水观测。地表水观测项目与地表水调查内容相同。一般情况下，每月进行 1 次地表水观测；雨季或暴雨后，根据工作需要，增加相应的观测次数；

（三）进行地下水动态观测。观测点应当布置在下列地段和层位：

1. 对矿井生产建设有影响的主要含水层；

2. 影响矿井充水的地下水强径流带（构造破碎带）；

3. 可能与地表水有水力联系的含水层；

4. 矿井先期开采的地段；

5. 在开采过程中水文地质条件可能发生变化的地段；

6. 人为因素可能对矿井充水有影响的地段；

7. 井下主要突水点附近，或者具有突水威胁的地段；

8. 疏干边界或隔水边界处。

观测点的布置，应当尽量利用现有钻孔、井、泉等。观测内容包括水位、水温和水质等。对泉水的观测，还应当观测其流量。

观测点应当统一编号，设置固定观测标志，测定坐标和标高，并标绘在综合水文地质图上。观测点的标高应当每年复测 1 次；如有变动，应当随时补测。

第二十五条　煤矿应当加强与当地气象部门沟通联系，及时收集气象资料，建立气象资料台账；矿井 **30 km** 范围内没有气象台（站），气象资料不能满足安全生产需要时，应当建立降水量观测站。

第二十六条　矿井应当对与充水含水层有水力联系的地表水体进行长期动态观测，掌握其动态规律，分析研究地表水与地下水的水力联系，掌握其补给、排泄地下水的规律，测算补给、排泄量。

第二十五条　矿井应当在开采前的 1 个水文年内进行地面水文地质观测工作。在采掘过程中，应当坚持日常观测工作；在未掌握地下水的动态规律前，应当每 7 ~ 10 日观测 1 次；待掌握地下水的动态规律后，应当每月观测 1 ~ 3 次；当雨季或者遇有异常情况时，应当适当增加观测次数。水质监测每年不少于 2 次，丰、枯水期各 1 次。

技术人员进行观测工作时，应当按照固定的时间和顺序进行，并尽可能在最短时间内测完，并注意观测的连续性和精度。钻孔水位观测每回应当有 2 次读数，其差值不得大于 2 cm，取值可用平均数。测量工具使用前应当校验。水文地质类型属于复杂、极复杂的矿井，应当尽量使用智能自动水位仪观测、记录和传输数据。

第三节　井下水文地质观测

第二十六条　对新开凿的井筒、主要穿层石门及开拓巷道，应当及时进行水文地质观测和编录，并绘制井筒、石门、巷道的实测水文地质剖面图或展开图。

当井巷穿过含水层时，应当详细描述其产状、厚度、岩性、构造、裂隙或者岩溶的发育与充填情况，揭露点的位置及标高、出水形式、涌水量和水温等，并采取水样进行水质分析。

遇含水层裂隙时，应当测定其产状、长度、宽度、数量、形状、尖灭情况、充填程度及充填物等，观察地下水活动的痕迹，绘制裂隙玫瑰图，并选择有代表性的地段测定岩石的裂隙率。测定的面积：较密集裂隙，可取 1 ~ 2 m^2；稀疏裂隙，可取 4 ~ 10 m^2。其计算公式为

$$K_T = \frac{\sum lb}{A} \times 100\%$$

式中　K_T——裂隙率，%；

第二十七条 井下水文地质观测应当包括下列主要内容：

（一）对新开凿的井筒、主要穿层石门及开拓巷道，应当及时进行水文地质观测和编录，并绘制井筒、石门、巷道的实测水文地质剖面图或者展开图；

（二）井巷穿过含水层时，应当详细描述其产状、厚度、岩性、构造、裂隙或者岩溶的发育与充填情况，揭露点的位置及标高、出水形式、涌水量和水温等，并采取水样进行水质分析；

（三）遇裂隙时，应当测定其产状、长度、宽度、数量、形状、尖灭情况、充填物及充填程度等，观察地下水活动的痕迹，绘制裂隙玫瑰花图，并选择有代表性的地段测定岩石的裂隙率。较密集裂隙，测定的面积可取 $1 \sim 2 \ m^2$；稀疏裂隙，可取 $4 \sim 10 \ m^2$。其计算公式为

$$K_T = \frac{\sum lb}{A} \times 100\% \qquad (3-1)$$

式中 K_T——裂隙率，% ；

A——测定面积，m^2；

l——裂隙长度，m；

b——裂隙宽度，m。

遇岩溶时，应当观测其形态、发育情况、分布状况、有无充填物和充填物成分及充水状况等，并绘制岩溶素描图。

遇断裂构造时，应当测定其断距、产状、断层带宽度，观测断裂带充填物成分、胶结程度及导水性等。

遇褶曲时，应当观测其形态、产状及破碎情况等。

遇陷落柱时，应当观测陷落柱内外地层岩性与产状、裂隙与岩溶发育程度及涌水等情况，判定陷落柱发育高度，并编制卡片，附平面图、剖面图和素描图。

遇突水点时，应当详细观测记录突水的时间、地点、确切位置，出水层位、岩性、厚度，出水形式，围岩破坏情况等，并测定涌水量、水温、水质和含砂量等。同时，应当观测附近的出水点和观测孔涌水量和水位的变化，并分析突水原因。各主要突水点可以作为动态观测点进行系统观测，并应当编制卡片，附平面图和素描图。

对于大中型煤矿发生 $300\ m^3/h$ 以上的突水、小型煤矿发生 $60\ m^3/h$ 以上的突水，或者因突水造成采掘区域和矿井被淹的，应当将突水情况及时上报所在地煤矿安全监察机构和地方人民政府负责煤矿安全生产监督管理的部门、煤炭行业管理部门。

按照突水点每小时突水量的大小，将突水点划分为小突水点、中等突水点、大突水点、特大突水点等 4 个等级：

（一）小突水点：$Q \leqslant 60\ m^3/h$；

（二）中等突水点：$60\ m^3/h < Q \leqslant 600\ m^3/h$；

（三）大突水点：$600\ m^3/h < Q \leqslant 1800\ m^3/h$；

（四）特大突水点：$Q > 1800\ m^3/h$。

第二十七条　矿井应当加强矿井涌水量的观测工作和水质的监测工作。

A——测定面积，m^2；

l——裂隙长度，m；

b——裂隙宽度，m；

（四）遇岩溶时，应当观测其形态、发育情况、分布状况、充填物成分及充水状况等，并绘制岩溶素描图；

（五）遇断裂构造时，应当测定其产状、断距、断层带宽度，观测断裂带充填物成分、胶结程度及导水性等；

（六）遇褶曲时，应当观测其形态、产状及破碎情况等；

（七）遇陷落柱时，应当观测陷落柱内外地层岩性与产状、裂隙与岩溶发育程度及涌水等情况，并编制卡片，绘制平面图、剖面图和素描图；

（八）遇突水点时，应当详细观测记录突水的时间、地点、出水形式，出水点层位、岩性、厚度以及围岩破坏情况等，并测定水量、水温、水质和含砂量。同时，应当观测附近出水点涌水量和观测孔水位的变化，并分析突水原因。各主要突水点应当作为动态观测点进行系统观测，并编制卡片，绘制平面图、素描图和水害影响范围预测图。

对于大中型煤矿发生 300 m^3/h 以上、小型煤矿发生 60 m^3/h 以上的突水，或者因突水造成采掘区域或矿井被淹的，应当将突水情况及时上报地方人民政府负责煤矿安全生产监督管理的部门、煤炭行业管理部门和驻地煤矿安全监察机构；

（九）应当加强矿井涌水量观测和水质监测。

矿井应当分井、分水平设观测站进行涌水量的观测，每月观测次数不少于3次。对于出水较大的断裂破碎带、陷落柱，应当单独设立观测站进行观测，每月观测1~3次。对于水质的监测每年不少于2次，丰、枯水期各1次。涌水量出现异常、井下发生突水或者受降水影响矿井的雨季时段，观测频率应当适当增加。

对于井下新揭露的出水点，在涌水量尚未稳定或尚未掌握其变化规律前，一般应当每日观测1次。对溃入性涌水，在未查明突水原因前，应当每隔1~2 h观测1次，以后可适当延长观测间隔时间，并采取水样进行水质分析。涌水量稳定后，可按井下正常观测时间观测。

当采掘工作面上方影响范围内有地表水体、富水性强的含水层、穿过与富水性强的含水层相连通的构造断裂带或接近老空积水区时，应当每日观测涌水情况，掌握水量变化。含水层富水性的等级标准见附录二。

对于新凿立井、斜井，垂深每延深10 m，应当观测1次涌水量。掘进至新的含水层时，如果不到规定的距离，也应当在含水层的顶底板各测1次涌水量。

当进行矿井涌水量观测时，应当注重观测的连续性和精度，采用容积法、堰测法、浮标法、流速仪法或者其他先进的测水方法。测量工具和仪表应当定期校验，以减少人为误差。

第二十八条　当井下对含水层进行疏水降压时，在涌水量、水压稳定前，应当每小时观测1~2次钻孔涌水量和水压；待涌水量、水压基本稳定后，按照正常观测的要求进行。疏放老空水的，应当每日进行观测。

第五节　地面水文地质补充勘探

矿井应当分水平、**分煤层**、**分采区**设观测站进行涌水量观测，每月观测次数不得少于 3 次。对于涌水量较大的断裂破碎带、陷落柱，应当单独设观测站进行观测，每月观测 1~3 次。水质的监测每年不得少于 2 次，丰、枯水期各 1 次。涌水量出现异常、井下发生突水或者受降水影响矿井的雨季时段，观测频率应当适当增加。

对于井下新揭露的出水点，在涌水量尚未稳定或者尚未掌握其变化规律前，一般应当每日观测 1 次。对溃入性涌水，在未查明突水原因前，应当每隔 1~2 h 观测 1 次，以后可以适当延长观测间隔时间，并采取水样进行水质分析。涌水量稳定后，可按井下正常观测时间观测。

当采掘工作面上方影响范围内有地表水体、富水性强的含水层，穿过与富水性强的含水层相连通的构造断裂带或者接近老空积水区时，应当**每作业班次**观测涌水情况，掌握水量变化。

对于新凿立井、斜井，垂深每延深 10 m，应当观测 1 次涌水量；揭露含水层时，即使未达规定深度，也应当在含水层的顶底板各测 1 次涌水量。

矿井涌水量观测可以采用容积法、堰测法、浮标法、流速仪法等测量方法，测量工具和仪表应当定期校验；

（十）对含水层疏水降压时，在涌水量、水压稳定前，应当每小时观测 1~2 次钻孔涌水量和水压；待涌水量、水压基本稳定后，按照正常观测的要求进行。

第三节　地面水文地质补充勘探

第二十八条　应当根据勘探区的水文地质条件、探测地质体的地球物理特征和探测工作目的等编写地面水文地质物探设计，由煤炭企业总

第三十一条　矿井进行水文地质钻探时，每个钻孔都应当按照勘探设计要求进行单孔设计，包括钻孔结构、孔斜、岩芯采取率、封孔止水要求、终孔直径、终孔层位、简易水文观测、抽水试验、地球物理测井及采样测试、封孔质量、孔口装置和测量标志要求等。

钻孔施工主要技术指标，应当符合下列要求：

（一）以煤层底板水害为主的矿井，其水文地质补充勘探钻孔的终孔深度，以揭露下伏主要含水层段为原则；

（二）所有勘探钻孔均进行水文测井工作。对有条件的，可以进行流量测井、超声成像、钻孔电视探测等，配合钻探取芯划分含、隔水层，为取得有关参数提供依据；

（三）主要含水层或试验段（观测段）采用清水钻进。遇特殊情况需改用泥浆钻进时，经钻孔施工单位地质部门同意后，可以采用低固相优质泥浆，并采取有效的洗孔措施；

工程师组织审批。

应当采用多种物探方法进行综合勘探，可以采用地震与电法相结合的勘探技术方法查明构造及其富水性。水文物探主要以电法勘探为主，宜采用直流电法、瞬变电磁法或者可控源音频大地电磁测深等技术方法。可以采用高精度三维地震勘探查明火成岩侵入范围和断层、陷落柱等构造。

物探作业时，野外施工、资料处理和解释应当符合国家、行业标准。

施工结束后应当提交成果报告，由煤炭企业总工程师组织审批。物探成果应当与其他勘探成果相结合，相互验证。

第二十九条　水文地质钻探工程量应当根据水文地质补充勘探目的、具体任务及综合勘探的要求等确定；应当充分利用已有钻孔（井）及钻探成果，与长期水文动态观（监）测网的建设（完善）统筹考虑，形成控制地下水降落漏斗形态的水文地质剖面线。

第三十条　按照水文地质补充勘探设计要求，编写单孔设计，内容包括钻孔结构、**套管结构**、孔斜、岩芯采取、封孔止水、终孔直径、终孔层位、简易水文观测、抽水试验、地球物理测井及采样测试、封孔质量、孔口装置和测量标志等要求。

水文地质钻探主要技术指标应当符合下列要求：

（一）以煤层底板水害为主的矿井，其钻孔终孔深度以揭露下伏主要含水层段为原则；

（二）所有勘探钻孔均应当进行水文测井工作，配合钻探取芯划分含、隔水层，取得有关参数；

（三）主要含水层或者试验观测段采用清水钻进。遇特殊情况可以采用低固相优质泥浆钻进，并采取有效的洗孔措施；

（四）钻孔孔径视钻孔目的确定。抽水试验孔试验段孔径，以满足设计的抽水量和安装抽水设备为原则；水位观测孔观测段孔径，应当满足止水和水位观测的要求；

（五）抽水试验钻孔的孔斜，满足选用抽水设备和水位观测仪器的工艺要求；

（六）钻孔取芯钻进，并进行岩芯描述。岩芯采取率：岩石，大于70%；破碎带，大于50%；黏土，大于70%；砂和砂砾层，大于30%。当采用水文物探测井，能够正确划分地层和含（隔）水层位置及厚度时，可以适当减少取芯；

（七）在钻孔分层（段）隔离止水时，通过提水、注水和水文测井等不同方法，检查止水效果，并作正式记录；不合格的，重新止水；

（八）除长期动态观测钻孔外，其余钻孔都使用高标号水泥浆封孔，并取样检查封孔质量；

（九）观测孔竣工后，进行抽水洗孔，以确保观测层（段）不被淤塞。

水文地质钻孔应当做好简易水文地质观测，其技术要求参照相关规程、规范进行。对没有简易水文地质观测资料的钻孔，应当降低其质量等级或者不予验收。

水文地质观测孔，应当安装孔口装置和长期观测测量标志，并采取有效措施予以保护，保证坚固耐用、观测方便；遇有损坏或堵塞时，应当及时进行处理。

第三十二条　生产矿井水文地质补充勘探的抽水试验质量，应当达到有关国家标准、行业标准的规定。

抽水试验的水位降深，应当根据设备能力达到最大降深，降深次数不少于3次，降距合理分布。当受开采影响导致钻孔水位较深时，可以仅做1次最大降深抽水试验。在降深过程的观测中，应当考虑非稳定流计算的要求，并适当延长时间。

（四）抽水试验孔试验段孔径，以满足设计的抽水量和安装抽水设备为原则；水位观测孔观测段孔径，应当满足止水和水位观测的要求；

（五）抽水试验钻孔的孔斜，应当满足选用抽水设备和水位观测仪器的工艺要求；

（六）钻孔应当取芯钻进，并进行岩芯描述。岩芯采取率：岩石，大于70%；破碎带，大于50%；黏土，大于70%；砂和砂砾层，大于30%。当采用水文物探测井，能够正确划分地层和含（隔）水层位置及厚度时，可以适当减少取芯；

（七）在钻孔分层（段）隔离止水时，通过提水、注水和水文测井等不同方法，检查止水效果，并作正式记录；不合格的，应当重新止水；

（八）除长期动态观测钻孔外，其余钻孔应当使用高标号水泥封孔，并取样检查封孔质量；

（九）水文地质钻孔应当做好简易水文地质观测，其技术要求参照相关规程规范。否则，应当降低其钻孔质量等级或者不予验收；

（十）观测孔竣工后，应当进行洗孔，以确保观测层（段）不被淤塞，并进行抽水试验。水文地质观测孔，应当安装孔口装置和长期观测测量标志，并采取有效保护措施。

第三十一条　编制抽水试验设计，应当根据矿井水文地质条件、水文地质概念模型和水文地质计算的要求，选择稳定流或者非稳定流抽水试验。抽水试验时，应当对其影响范围内的观测孔同步观测水位。

抽水试验成果应当满足矿井涌水量预测、防治水工程设计施工的要求，取得含水层渗透系数、导水系数、给水度、释水系数等水文地质参数。

对水文地质复杂型或者极复杂型的矿井，如果采用小口径抽水不能查明水文地质、工程地质（地面岩溶塌陷）条件时，可以进行井下放水试验；如果井下条件不具备的，应当进行大口径、大流量群孔抽水试验。采取群孔抽水试验，应当单独编制设计，经煤矿企业总工程师组织审查同意后实施。

大口径群孔抽水试验的延续时间，应当根据水位流量过程曲线稳定趋势而确定，一般不少于 10 日；当受开采疏水干扰，导致水位无法稳定时，应当根据具体情况研究确定。

为查明受采掘破坏影响的含水层与其他含水层或者地表水体等之间有无水力联系，可以结合抽（放）水进行连通（示踪）试验。

抽水前，应当对试验孔、观测孔及井上、井下有关的水文地质点，进行水位（压）、流量观测。必要时，可以另外施工专门钻孔测定大口径群孔的中心水位。

第三十三条　对于因矿井防渗漏研究岩石渗透性，或者因含水层水位很深致使无法进行抽水试验的，可以进行注水试验。

注水试验应当编制试验设计。试验设计包括试验层段的起、止深度；孔径及套管下入层位、深度及止水方法；采用的注水设备、注水试验方法，以及注水试验质量要求等内容。

注水试验施工主要技术指标，应当符合下列要求：

（一）根据岩层的岩性和孔隙、裂隙发育深度，确定试验孔段，并严格做好止水工作；

（二）注水试验前，彻底洗孔，以保证疏通含水层，并测定钻孔水温和注入水的温度；

（三）注水试验正式注水前及正式注水结束后，进行静止水位和恢复水位的观测。

第三十四条　物探工作布置、参数确定、检查点数量和重复测量误差、资料处理等，应当符合有关国家标准、行业标准的规定。

应当利用抽水试验资料分析研究地下水、地表水及不同含水层（组）之间水力联系，确定断层、陷落柱等构造的导（含）水性，必要时进行抽（放）水连通（示踪）试验。

第三十二条 需要进行注水试验的，应当编制注水试验设计。设计包括试验层段的起、止深度，孔径及套管下入层位、深度及止水方法，采用的注水设备、注水试验方法，以及注水试验质量要求等内容。

注水试验施工主要技术指标，应当符合下列要求：

（一）根据岩层的岩性和孔隙、裂隙发育深度，确定试验孔段，并严格做好止水工作；

（二）注水试验前，彻底洗孔，以确保疏通含水层，并测定钻孔水温和注入水的温度；

（三）注水试验前后，应当分别进行静止水位和恢复水位的观测。

　　进行物探作业前，应当根据勘探区的水文地质条件、被探测地质体的地球物理特征和不同的工作目的等因素确定勘探方案。进行物探作业时，可以采用多种物探方法进行综合探测。

　　物探工作结束后，应当提交相应的综合成果图件。物探成果应当与其他勘探成果相结合，经相互验证后，可以作为矿井采掘设计的依据。

第六节　　井下水文地质勘探

　　第三十六条　矿井有下列情形之一的，应当在井下进行水文地质勘探：

　　（一）采用地面水文地质勘探难以查清问题，需在井下进行放水试验或者连通（示踪）试验的；

　　（二）煤层顶、底板有含水（流）砂层或者岩溶含水层，需进行疏水开采试验的；

　　（三）受地表水体和地形限制或者受开采塌陷影响，地面没有施工条件的；

　　（四）孔深或者地下水位埋深过大，地面无法进行水文地质试验的。

　　第三十五条　井下水文地质勘探应当遵守下列规定：

　　（一）采用井下物探、钻探、监测、测试等手段；

　　（二）采用井下与地面相结合的综合勘探方法；

　　（三）井下勘探施工作业时，保证矿井安全生产，并采取可靠的安全防范措施。

　　第三十八条　放水试验应当遵循下列原则：

　　（一）编制放水试验设计，确定试验方法、各次降深值和放水量。放水量视矿井现有最大排水能力而确定，原则上放水试验能影响到的观测孔应当有明显的水位降深。其设计由煤矿企业总工程师组织审查批准；

第四节 井下水文地质补充勘探

第三十三条 矿井有下列情形之一的，应当进行井下水文地质补充勘探：

（一）采用地面水文地质勘探难以查清问题，需要在井下进行放水试验或者连通（示踪）试验的；

（二）受地表水体、地形限制或者受开采塌陷影响，地面没有施工条件的；

（三）孔深或者地下水位埋深过大，地面无法进行水文地质试验的。

第三十四条 井下水文地质补充勘探应当采用井下钻探、物探、**化探**、监测、测试等综合勘探方法，**针对井下特殊作业环境**，采取可靠的安全技术措施。

第三十五条 放水试验应当**符合**下列**要求**：

（一）编制放水试验设计，确定试验方法、降深值和放水量。放水量视矿井现有最大排水能力而确定，原则上放水试验的观测孔应当有明显的水位降深。其设计由煤矿总工程师组织审批；

（二）做好放水试验前的准备工作，固定人员，检验校正观测仪器和工具，检查排水设备能力和排水线路；

（三）放水前，在同一时间对井上下观测孔和出水点的水位、水压、涌水量、水温和水质进行一次统测；

（四）根据具体情况确定放水试验的延续时间。当涌水量、水位难以稳定时，试验延续时间一般不少于 10 ~ 15 日。选取观测时间间隔，应当考虑到非稳定流计算的需要。中心水位或者水压与涌水量进行同步观测；

（五）观测数据及时登入台账，并绘制涌水量－水位历时曲线；

（六）放水试验结束后，及时进行资料整理，提交放水试验总结报告。

第三十七条　井下水文地质勘探应当符合下列要求：

（一）钻孔的各项技术要求、安全措施等钻孔施工设计，经矿井总工程师批准后方可实施；

（二）施工并加固钻机硐室，保证正常的工作条件；

（三）钻机安装牢固。钻孔首先下好孔口管，并进行耐压试验。在正式施工前，安装孔口安全闸阀，以保证控制放水。安全闸阀的抗压能力大于最大水压。在揭露含水层前，安装好孔口防喷装置；

（四）按照设计进行施工，并严格执行施工安全措施；

（五）进行连通试验，不得选用污染水源的示踪剂；

（六）对于停用或者报废的钻孔，及时封堵，并提交封孔报告。

第三十九条　对于受水害威胁的矿井，采用常规水文地质勘探方法难以进行开采评价时，可以根据条件采用穿层石门或者专门凿井进行疏水降压开采试验。

进行疏水降压开采试验，应当符合下列规定：

（一）有专门的施工设计，其设计由煤矿企业总工程师组织审查批准；

（二）预计最大涌水量；

（二）做好放水试验前的准备工作，检验校正观测仪器和工具，检查排水设备能力和排水线路，**采取可靠的安全技术组织措施**；

（三）放水前，在同一时间对井上下观测孔和出水点的水位、水压、涌水量、水温和水质进行统测；

（四）根据具体情况确定放水试验的延续时间。当涌水量、水位难以稳定时，试验延续时间一般不少于 10 ~ 15 日。选取观测时间间隔，应当考虑非稳定流计算的需要。中心水位或者水压与涌水量进行同步观测；

（五）观测数据及时录入台账，并绘制涌水量与水位历时曲线；

（六）放水试验结束后，及时整理资料，提交放水试验总结报告。

第三十六条 井下物探应当符合下列要求：

（一）物探作业前，应当根据采掘工作面的实际情况和工作目的等编写设计，设计时充分考虑控制精度，设计由煤矿总工程师组织审批；

（三）建立能保证排出最大涌水量的排水系统；

（四）选择适当位置建筑防水闸门；

（五）做好钻孔超前探水和放水降压工作；

（六）做好井上下水位、水压、涌水量的观测工作。

第四十条 矿井可以根据本单位的实际，采用直流电法（电阻率法）、音频电穿透法、瞬变电磁法、电磁频率测深法、无线电波透视法、地质雷达法、浅层地震勘探、瑞利波勘探、槽波地震勘探方法等物探方法，并结合钻探方法对资料进行验证。

（二）可以采用直流电阻率电测深、瞬变电磁、音频电穿透、探地雷达、瑞利波及槽波、无线电坑透等方法探测，采煤工作面应当选择两种以上方法，相互验证；

（三）采用电法实施掘进工作面超前探测的，探测环境应当符合下列要求：

1. 巷道断面、长度满足探测所需要的空间；

2. 距探测点 20 m 范围内不得有积水，且不得存放掘进机、铁轨、皮带机架、锚网、锚杆等金属物体；

3. 巷道内动力电缆、大型机电设备必须停电；

（四）施工结束后，应当提交成果报告，由煤矿总工程师组织验收。物探成果应当与其他勘探成果相结合，相互验证。

第五章 井 下 探 放 水

第八十八条 对于采掘工作面受水害影响的矿井，应当坚持预测预报、有疑必探、先探后掘、先治后采的原则，进行充水条件分析，并遵守下列规定：

（一）每年年初，根据每年的采掘接续计划，结合矿井水文地质资料，全面分析水害隐患，提出水害分析预测表及水害预测图；

（二）在采掘过程中，对预测图、表逐月进行检查，不断补充和修正。发现水患险情，及时发出水害通知单，并报告矿调度室，通知可能受水害威胁地点的人员撤到安全地点；

（三）采掘工作面年度和月度水害预测资料及时报送矿井总工程师及生产安全部门。

采掘工作面水害分析预报表和预测图模式见附录六。

第八十九条 水文地质条件复杂、极复杂的矿井，在地面无法查明矿井水文地质条件和充水因素时，应当坚持有掘必探的原则，加强探放水工作。

第九十条 在矿井受水害威胁的区域，进行巷道掘进前，应当采用钻探、物探和化探等方法查清水文地质条件。地测机构应当提出水文地质情况分析报告，并提出水害防范措施，经矿井总工程师组织生产、安监和地测等有关单位审查批准后，方可进行施工。

第九十一条 矿井工作面采煤前，应当采用物探、钻探、巷探和化探等方法查清工作面内断层、陷落柱和含水层（体）富水性等情况。

第四章 井下探放水

第三十七条 矿井应当加强充水条件分析，认真开展水害预测预报及隐患排查工作。

（一）每年年初，根据年度采掘计划，结合矿井水文地质资料，全面分析水害隐患，提出水害分析预测表及水害预测图；

（二）**水文地质类型复杂、极复杂矿井应当每月至少开展 1 次水害隐患排查，其他矿井应当每季度至少开展 1 次；**

（三）在采掘过程中，对预测图、表逐月进行检查，不断补充和修正。发现水患险情，及时发出水害通知单，并报告矿井调度室；

（四）采掘工作面年度和月度水害预测资料及时报送煤矿总工程师及生产安全部门。

采掘工作面水害分析预报表和预测图模式见附录三。

第三十八条 **在地面无法查明水文地质条件时**，应当在采掘前采用物探、钻探**或者**化探等方法查清**采掘工作面及其周围的**水文地质条件。

地测机构应当提出专门水文地质情况报告，经矿井总工程师组织生产、安监和地测等有关单位审查批准后，方可进行回采。发现断层、裂隙和陷落柱等构造充水的，应当采取注浆加固或者留设防隔水煤（岩）柱等安全措施。否则，不得回采。

第九十二条　采掘工作面遇有下列情况之一的，应当进行探放水：

（一）接近水淹或者可能积水的井巷、老空或者相邻煤矿；

（二）接近含水层、导水断层、暗河、溶洞和导水陷落柱；

（三）打开防隔水煤（岩）柱进行放水前；

（四）接近可能与河流、湖泊、水库、蓄水池、水井等相通的断层破碎带；

（五）接近有出水可能的钻孔；

（六）接近水文地质条件复杂的区域；

（七）采掘破坏影响范围内有承压含水层或者含水构造、煤层与含水层间的防隔水煤（岩）柱厚度不清楚可能发生突水；

（八）接近有积水的灌浆区；

（九）接近其他可能突水的地区。

探水前，应当确定探水线并绘制在采掘工程平面图上。

第九十五条　井下探放水应当使用专用的探放水钻机。严禁使用煤电钻探放水。

采掘工作面遇有下列情况之一的，必须进行探放水：

（一）接近水淹或者可能积水的井巷、老空或者相邻煤矿时；

（二）接近含水层、导水断层、溶洞或者导水陷落柱时；

（三）打开**隔离煤柱**放水时；

（四）接近可能与河流、湖泊、水库、蓄水池、水井等相通的**导水通道时**；

（五）接近有出水可能的钻孔时；

（六）接近水文地质条件**不清**的区域时；

（七）接近有积水的灌浆区时；

（八）接近其他可能突水的地区时。

第三十九条　严格执行井下探放水"三专"要求。由专业技术人员编制探放水设计，采用专用钻机进行探放水，由专职探放水队伍施工。严禁使用非专用钻机探放水。

严格执行井下探放水"两探"要求。采掘工作面超前探放水应当同时采用钻探、物探两种方法，做到相互验证，查清采掘工作面及周边老空水、含水层富水性以及地质构造等情况。有条件的矿井，钻探可采用定向钻机，开展长距离、大规模探放水。

第四十条　矿井受水害威胁的区域，巷道掘进前，地测部门应当提出水文地质情况分析报告和水害防治措施，由煤矿总工程师组织生产、安检、地测等有关单位审批。

第九十三条　采掘工作面探水前，应当编制探放水设计，确定探水警戒线，并采取防止瓦斯和其他有害气体危害等安全措施。探放水钻孔的布置和超前距离，应当根据水头高低、煤（岩）层厚度和硬度等确定。探放水设计由地测机构提出，经矿井总工程师组织审定同意，按设计进行探放水。

第九十四条　布置探放水钻孔应当遵循下列规定：

（一）探放老空水、陷落柱水和钻孔水时，探水钻孔成组布设，并在巷道前方的水平面和竖直面内呈扇形。钻孔终孔位置以满足平距 3 m 为准，厚煤层内各孔终孔的垂距不得超过 1.5 m；

（二）探放断裂构造水和岩溶水等时，探水钻孔沿掘进方向的前方及下方布置。底板方向的钻孔不得少于 2 个；

（三）煤层内，原则上禁止探放水压高于 1 MPa 的充水断层水、含水层水及陷落柱水等。如确实需要的，可以先建筑防水闸墙，并在闸墙外向内探放水；

第四十一条 工作面回采前，应当查清采煤工作面及周边老空水、含水层富水性和断层、陷落柱含（导）水性等情况。地测部门应当提出专门水文地质情况评价报告和水害隐患治理情况分析报告，经煤矿总工程师组织生产、安检、地测等有关单位审批后，方可回采。发现断层、裂隙或者陷落柱等构造充水的，应当采取注浆加固或者留设防隔水煤（岩）柱等安全措施；否则，不得回采。

第四十二条 采掘工作面探水前，应当编制探放水设计和施工安全技术措施，确定探水线和警戒线，并绘制在采掘工程平面图和矿井充水性图上。探放水钻孔的布置和超前距、帮距，应当根据水头值高低、煤（岩）层厚度、强度及安全技术措施等确定，明确测斜钻孔及要求。探放水设计由地测部门提出，探放水设计和施工安全技术措施经煤矿总工程师组织审批，按设计和措施进行探放水。

第四十三条 布置探放水钻孔应当遵循下列规定：

（一）探放老空水和钻孔水。老空和钻孔位置清楚时，应当根据具体情况进行专门探放水设计，经煤矿总工程师组织审批后，方可施工；老空和钻孔位置不清楚时，探水钻孔成组布设，并在巷道前方的水平面和竖直面内呈扇形，钻孔终孔位置满足水平面间距不得大于 3 m，厚煤层内各孔终孔的竖直面间距不得大于 1.5 m；

（二）探放断裂构造水和岩溶水等时，探水钻孔沿掘进方向的正前方及含水体方向呈扇形布置，钻孔不得少于 3 个，其中含水体方向的钻孔不得少于 2 个；

（三）探查陷落柱等垂向构造时，应当同时采用物探、钻探两种方法，根据陷落柱的预测规模布孔，但底板方向钻孔不得少于 3 个，有异常时加密布孔，其探放水设计由煤矿总工程师组织审批；

（四）煤层内，原则上禁止探放水压高于 1 MPa 的充水断层水、含水层水及陷落柱水等。如确实需要的，可以先构筑防水闸墙，并在闸墙外向内探放水。

（四）上山探水时，一般进行双巷掘进，其中一条超前探水和汇水，另一条用来安全撤人。双巷间每隔 30～50 m 掘 1 个联络巷，并设挡水墙。

第九十六条　在安装钻机进行探水前，应当符合下列规定：

（一）加强钻孔附近的巷道支护，并在工作面迎头打好坚固的立柱和拦板；

（二）清理巷道，挖好排水沟。探水钻孔位于巷道低洼处时，配备与探放水量相适应的排水设备；

（三）在打钻地点或其附近安设专用电话；

（四）依据设计，确定主要探水孔位置时，由测量人员进行标定。负责探放水工作的人员亲临现场，共同确定钻孔的方位、倾角、深度和钻孔数量；

（五）在预计水压大于 0.1 MPa 的地点探水时，预先固结套管。套管口安装闸阀，套管深度在探放水设计中规定。预先开掘安全躲避硐，制定包括撤人的避灾路线等安全措施，并使每个作业人员了解和掌握；

（六）钻孔内水压大于 1.5 MPa 时，采用反压和有防喷装置的方法钻进，并制定防止孔口管和煤（岩）壁突然鼓出的措施。

第九十七条　探水钻孔除兼作堵水或者疏水用的钻孔外，终孔孔径一般不得大于 75 mm。

第九十八条　探水钻孔超前距离和止水套管长度，应当符合下列规定：

（一）探放老空积水的超前钻距，根据水压、煤（岩）层厚度和强度及安全措施等情况确定，但最小水平钻距不得小于 30 m，止水套管长度不得小于 10 m；

（二）沿岩层探放含水层、断层和陷落柱等含水体时，按表 5 - 1 确定探水钻孔超前距离和止水套管长度。

第四十四条 上山探水时，应当采用双巷掘进，其中一条超前探水和汇水，另一条用来安全撤人；双巷间每隔 30 ~ 50 m 掘 1 个联络巷，并设挡水墙。

第四十五条 在安装钻机进行探水前，应当符合下列规定：

（一）加强钻孔附近的巷道支护，并在工作面迎头打好坚固的立柱和拦板，**严禁空顶、空帮作业**；

（二）清理巷道，挖好排水沟。探水钻孔位于巷道低洼处时，**应当施工临时水仓**，配备足够能力的排水设备；

（三）在钻探地点或附近安设专用电话；

（四）**由测量人员**依据设计现场标定探放水钻孔位置，**与**负责探放水工作的人员共同确定钻孔的方位、倾角、深度和钻孔数量；

（五）制定包括紧急撤人时避灾路线在内的安全措施，使作业区域的每个人员了解和掌握，**并保持撤人通道畅通**。

第四十六条 在预计水压大于 0.1 MPa 的地点探水时，预先固结套管，并安装闸阀。**止水套管应当进行耐压试验，耐压值不得小于预计静水压值的 1.5 倍**，兼做注浆钻孔的，应当综合注浆终压值确定，并稳定 **30 min 以上**；预计水压大于 1.5 MPa 时，采用反压和有防喷装置的方法钻进，并制定防止孔口管和煤（岩）壁突然鼓出的措施。

第四十七条 探放水钻孔除兼作堵水钻孔外，终孔孔径一般不得大于 **94** mm。

第四十八条 探放水钻孔超前距和止水套管长度，应当符合下列规定：

（一）**老空积水范围、积水量不清楚的**，近距离煤层开采的或者地质构造不清楚的，**探放水钻孔超前距不得小于 30 m，止水套管长度不得小于 10 m；老空积水范围、积水量清楚的**，根据水头值高低、煤（岩）层厚度、强度及安全技术措施等确定；

（二）沿岩层探放含水层、断层和陷落柱等含水体时，按表 4 - 1 确定**探放水钻孔超前距和止水套管长度**。

表 5 - 1　岩层中探水钻孔超前钻距和止水套管长度

水压/MPa	钻孔超前钻距/m	止水套管长/m
<1.0	>10	>5
1.0~2.0	>15	>10
2.0~3.0	>20	>15
>3.0	>25	>20

第九十九条　在探放水钻进时，发现煤岩松软、片帮、来压或者钻眼中水压、水量突然增大和顶钻等透水征兆时，应当立即停止钻进，但不得拔出钻杆；应当立即向矿井调度室汇报，派人监测水情。发现情况危急，应当立即撤出所有受水威胁地区域的人员到安全地点，然后采取安全措施，进行处理。

第一百条　探放老空水前，应当首先分析查明老空水体的空间位置、积水量和水压。探放水孔应当钻入老空水体，并监视放水全过程，核对放水量，直到老空水放完为止。当钻孔接近老空时，预计可能发生瓦斯或者其他有害气体涌出的，应当设有瓦斯检查员或者矿山救护队员在现场值班，随时检查空气成分。如果瓦斯或者其他有害气体浓度超过有关规定，应当立即停止钻进，切断电源，撤出人员，并报告矿井调度室，及时处理。

第一百零一条　钻孔放水前，应当估计积水量，并根据矿井排水能力和水仓容量，控制放水流量，防止淹井；放水时，应当设有专人监测钻孔出水情况，测定水量和水压，做好记录。如果水量突然变化，应当及时处理，并立即报告矿调度室。

表4-1 岩层中探放水钻孔超前距和止水套管长度

水压 p/MPa	钻孔超前距/m	止水套管长度/m
$p < 1.0$	>10	>5
$1.0 \leqslant p < 2.0$	>15	>10
$2.0 \leqslant p < 3.0$	>20	>15
$p \geqslant 3.0$	>25	>20

第四十九条 在探放水钻进时，发现煤岩松软、片帮、来压或者钻孔中水压、水量突然增大和顶钻等**突水**征兆时，立即停止钻进，但不得拔出钻杆；应当立即**撤出所有受水威胁区域的人员到安全地点，并向矿**井调度室汇报，**采取安全措施**，派**专业技术人员**监测水情**并分析，妥善处理**。

第五十条 探放老空水时，预计可能发生瓦斯或者其他有害气体涌出的，应当设有瓦斯检查员或者矿山救护队员在现场值班，随时检查空气成分。如果瓦斯或者其他有害气体浓度超过有关规定，应当立即停止钻进，切断电源，撤出人员，并报告矿井调度室，及时处理。**揭露老空未见积水的钻孔应当立即封堵**。

第五十一条 钻孔放水前，应当估计积水量，并根据排水能力和水仓容量，控制放水流量，防止淹井淹面；放水时，应当设有专人监测钻孔出水情况，测定水量和水压，做好记录。如果水量突然变化，应当分析原因，及时处理，并立即报告矿井调度室。

第四章　矿井防治水

第一节　地面防治水

第四十一条　矿井应当查清矿区及其附近地面水流系统的汇水、渗漏情况，疏水能力和有关水利工程等情况；了解当地水库、水电站大坝、江河大堤、河道、河道中障碍物等情况；掌握当地历年降水量和最高洪水位资料，建立疏水、防水和排水系统。

第四十二条　矿井井口和工业场地内建筑物的标高，应当高于当地历年最高洪水位。

如果在山区，除符合本条第一款的规定外，还应当避开可能发生泥石流、滑坡的地段。

矿井井口及工业场地内建筑物的标高低于当地历年最高洪水位的，应当修筑堤坝、沟渠或者采取其他防排水措施。

第四十三条　当矿井井口附近或者塌陷区内外的地表水体可能溃入井下时，应当采取安全防范措施。

严禁开采煤层露头的防隔水煤（岩）柱。

在地表容易积水的地点，应当修筑沟渠，排泄积水。修筑沟渠时，应当避开露头、裂隙和导水岩层。特别低洼地点不能修筑沟渠排水的，应当填平压实。如果低洼地带范围太大无法填平时，应当采取水泵或者建排洪站专门排水，防止低洼地带积水渗入井下。

当矿井受到河流、山洪威胁时，应当修筑堤坝和泄洪渠，防止洪水侵入。

第五章　矿井防治水技术

第一节　地表水防治

第五十二条　煤矿应当查清矿区、**井田及其周边对矿井开采有影响的河流、湖泊、水库等地表水系和有关水利工程**的汇水、疏水、渗漏情况，掌握当地历年降水量和历史最高洪水位资料，建立疏水、防水和排水系统。

煤矿应当查明采矿塌陷区、地裂缝区分布情况及其地表汇水情况。

第五十三条　矿井井口和工业场地内建筑物的地面标高，应当高于当地历史最高洪水位；**否则**，应当修筑堤坝、沟渠或者采取其他**可靠防御洪水的**措施。**不具备采取可靠安全措施条件的，应当封闭填实该井口。**

在山区还应当避开可能发生泥石流、滑坡等地质灾害危险的地段。

第五十四条　当矿井井口附近或者塌陷区波及范围的地表水体可能溃入井下时，必须采取安全防范措施。

在地表容易积水的地点，应当修筑沟渠，排泄积水。修筑沟渠时，应当避开煤层露头、裂隙和导水岩层。特别低洼地点不能修筑沟渠排水的，应当填平压实。如果低洼地带范围太大无法填平时，应当采取水泵或者建排洪站专门排水，防止低洼地带积水渗入井下。

当矿井受到河流、山洪威胁时，应当修筑堤坝和泄洪渠，防止洪水侵入。

对于排到地面的矿井水，应当妥善处理，避免再渗入井下。

对于漏水的沟渠（包括农田水利的灌溉沟渠）和河床，应当及时堵漏或者改道。地面裂缝和塌陷地点应当及时填塞。进行填塞工作时，应当采取相应的安全措施，防止人员陷入塌陷坑内。

在有滑坡危险的地段，可能威胁煤矿安全时，应当采取防止滑坡措施。

第四十四条 严禁将矸石、炉灰、垃圾等杂物堆放在山洪、河流可能冲刷到的地段，以免冲到工业场地和建筑物附近或者淤塞河道、沟渠。

第四十五条 对于正在使用的钻孔，应当按照规定安装孔口盖。对于报废的钻孔，应当及时封孔，防止地表水或含水层的水流入井下。观测孔、注浆孔、电缆孔、与井下或者含水层相通的钻孔，其孔口管应当高出当地最高洪水位。

第四十六条 报废的立井应当填实封堵，或者在井口浇注 1 个大于井筒断面的坚实的钢筋混凝土盖板，并设置栅栏和标志。

报废的斜井应当填实封堵，或者在井口以下斜长 20 m 处砌筑 1 座砖、石或者混凝土墙，再用泥土填至井口，并加砌封墙。

报废的平硐，应当从硐口向里用泥土填实至少 20 m，再砌封墙。报废井口的周围有地面水影响的，应当设置排水沟。

封填报废的立井、斜井和平硐时，应当做好隐蔽工程记录，并填图归档。

对于排到地面的矿井水，应当妥善处理，避免再渗入井下。

对于漏水的沟渠（包括农田水利的灌溉沟渠）和河床，**如果威胁矿井安全**，应当进行**铺底**或者改道。地面裂缝和塌陷地点应当及时填塞。进行填塞工作时，应当采取相应的安全措施，防止人员陷入塌陷坑内。

在有滑坡危险的地段，可能威胁煤矿安全时，**应当进行治理**。

在井田内季节性沟谷下开采前，需对是否有洪水灌井的危险进行评价，开采应避开雨季，采后及时做好地面裂缝的填堵工作。

第五十五条 严禁将矸石、炉灰、垃圾等杂物堆放在山洪、河流可能冲刷到的地段，以免淤塞河道、沟渠。

发现与煤矿防治水有关系的河道中存在障碍物或者堤坝破损时，应当及时报告当地人民政府，采取措施清理障碍物或者修复堤坝，防止地表水进入井下。

第五十六条 使用中的钻孔，应当按照规定安装孔口盖。报废的钻孔应当及时封孔，防止地表水或者含水层的水涌入井下，**封孔资料等有关情况记录在案，存档备查**。观测孔、注浆孔、电缆孔、下料孔、与井下或者含水层相通的钻孔，其孔口管应当高出当地历史最高洪水位。

第五十七条 报废的立井应当封堵填实，或者在井口浇注坚实的钢筋混凝土盖板，设置栅栏和标志。

报废的斜井应当封堵填实，或者在井口以下垂深大于 20 m 处砌筑 1 座混凝土墙，再用泥土填至井口，**并在井口砌筑厚度不低于 1 m 的混凝土墙。**

报废的平硐，应当从硐口向里封堵填实至少 20 m，再砌封墙。

位于斜坡、汇水区、河道附近的井口，充填距离应当适当加长。报废井口的周围有地表水影响的，应当设置排水沟。

封填报废的立井、斜井或者平硐时，应当做好隐蔽工程记录，并填图归档。

第五十条　矿井在雨季前，应当全面检查防范暴雨洪水引发事故灾难防范措施的落实情况。对检查出的事故隐患，应当落实责任，并限定在汛期前完成整改。防治水工程应当有专门设计，工程竣工后由矿井总工程师负责组织验收。

第四十七条　矿井应当与气象、水利、防汛等部门进行联系，建立灾害性天气预警和预防机制。煤矿应当及时掌握可能危及煤矿安全生产的暴雨洪水灾害信息，密切关注灾害性天气的预报预警信息；及时掌握汛情水情，采取安全防范措施；加强与周边相邻矿井信息沟通，发现矿井出现异常情况时，立即向周边相邻矿井进行预警。

第四十九条　矿井应当建立暴雨洪水可能引发淹井等事故灾害紧急情况下及时撤出井下人员的制度，明确启动标准、指挥部门、联络人员、撤人程序等。当发现暴雨洪水灾害严重可能引发淹井时，应当立即撤出作业人员到安全地点。经确认隐患完全消除后，方可恢复生产。

第四十八条　矿井应当安排专人负责对本井田范围内可能波及的周边废弃老窑、地面塌陷坑、采动裂隙以及可能影响矿井安全生产的水库、湖泊、河流、涵闸、堤防工程等重点部位进行巡视检查。当接到暴雨灾害预警信息和警报后，应当实施 24 h 不间断巡查。在矿区每次降大到暴雨的前后，应当派专业人员及时观测矿井涌水量变化情况。

第五节　疏干开采和带压开采

第七十二条　煤层（组）顶板导水裂缝带范围内分布有富水性强的含水层，应当进行疏干开采。

垮落带与导水裂缝带最大高度可根据《建筑物、水体、铁路及主要井巷煤柱留设与压煤开采规程》中的有关公式计算和现场实测等方法综合确定。

第五十八条　每年雨季前，**必须对煤矿防治水工作进行全面检查，制定雨季防治水措施，建立雨季巡视制度，组织抢险队伍并进行演练，储备足够的防洪抢险物资**。对检查出的事故隐患，应当制定措施，**落实资金，责任到人**，并限定在汛期前完成整改。**需要施工防治水工程的应**当有专门设计，工程竣工后由煤矿总工程师组织验收。

第五十九条　煤矿应当与当地气象、水利、防汛等部门进行联系，建立灾害性天气预警和预防机制。应当密切关注灾害性天气的预报预警信息，及时掌握**可能危及煤矿安全生产的暴雨洪水灾害信息**，采取安全防范措施；加强与周边相邻矿井信息沟通，发现矿井水害可能影响相邻矿井时，立即向周边相邻矿井发出预警。

第六十条　煤矿应当建立暴雨洪水可能引发淹井等事故灾害紧急情况下及时撤出井下人员的制度，明确启动标准、指挥部门、联络人员、撤人程序和**撤退路线**等，当暴雨**威胁矿井安全**时，必须**立即停产**撤出井下全部人员，**只有在确认暴雨洪水**隐患消除后方可恢复生产。

第六十一条　**煤矿应当建立**重点部位巡视检查**制度**。当接到暴雨灾害预警信息和警报后，对井田范围内废弃老窑、地面塌陷坑、采动裂隙以及可能影响矿井安全生产的河流、湖泊、水库、涵闸、堤防工程等实施 24 h 不间断巡查。矿区降大到暴雨时和降雨后，应当派专业人员及时观测矿井涌水量变化情况。

第二节　顶板水防治

第六十二条　当煤层（组）顶板导水裂隙带范围内的**含水层或者其他水体影响采掘安全时**，应当采用**超前疏放、注浆改造含水层、帷幕注浆、充填开采或者限制采高等方法，消除威胁后，方可进行采掘活动**。

第七十五条 如果煤层顶板受开采破坏后，其导水裂缝带波及范围内存在富水性强的含水层（体）的，在掘进、回采前，应当对含水层采取超前疏干措施；进行专门水文地质勘探和试验，并编制疏干方案，选定疏干方式和方法，综合评价疏干开采条件和技术经济合理性。疏干方案由煤矿企业总工程师审定。

第七十四条 疏干开采半固结或者较松散的古近系、新近系含水层覆盖的煤层时，开采前应当遵守下列规定：

（一）查明流砂层的埋藏分布条件，研究其相变及成因类型；

（二）查明流砂层的富水性、水理性，预计涌水量和预测可疏干性，建立动态观测网，观测疏干速度和疏干半径；

（三）在疏干开采试验中，应当观测研究导水裂缝带发育高度，水砂分离方法、跑砂休止角，巷道开口时溃水溃砂的最小垂直距离、钻孔超前探放水安全距离等；

（四）研究对溃水溃砂引起地面塌陷的预测及处理方法。

第七十三条 被松散富水性强的含水层覆盖且浅埋的缓倾斜煤层，需要疏干开采时，应当进行专门水文地质勘探或者补充勘探，以查明水文地质条件，并根据勘探评价成果确定疏干地段、制定疏干方案，经煤矿企业总工程师审批同意后执行。

第七十六条 在矿井疏干开采过程中，应当进行定性、定量分析，可以应用"三图－双预测法"进行顶板水害分区评价和预测。有条件的矿井可以应用数值模拟技术，进行导水裂缝带发育高度、疏干水量和

第六十三条　采取超前疏放措施对含水层进行区域疏放水的，应当综合分析导水裂隙带发育高度、顶板含水层富水性，进行专门水文地质勘探和试验，开展可疏性评价。根据评价成果，编制区域疏放水方案，由煤炭企业总工程师审批。

第六十四条　采取注浆改造顶板含水层的，必须制定方案，经煤炭企业总工程师审批后实施，确保开采后导水裂隙带波及范围内含水层改造成弱含水层或者隔水层。

第六十五条　采取充填开采、限制采高等措施控制导水裂隙带高度的，必须制定方案，经煤炭企业总工程师审批后实施，确保导水裂隙带不波及含水层。

第六十六条　疏干（降）开采半固结或者较松散的古近系、新近系、第四系含水层覆盖的煤层时，开采前应当遵守下列规定：

（一）查明流砂层的埋藏分布条件，研究其相变及成因类型；

（二）查明流砂层的富水性、水理性质，预计涌水量和评价可疏干（降）性，建立水文动态观测网，观测疏干（降）速度和疏干（降）半径；

（三）在疏干（降）开采试验中，应当观测研究导水裂隙带发育高度，水砂分离方法、跑砂休止角，巷道开口时溃水溃砂的最小垂直距离，钻孔超前探放水安全距离等；

（四）研究对溃水溃砂引起地面塌陷的预测及处理方法。

第六十七条　被富水性强的松散含水层覆盖的缓倾斜煤层，需要疏干（降）开采时，应当进行专门水文地质勘探或者补充勘探，根据勘探成果确定疏干（降）地段、制定疏干（降）方案，经煤炭企业总工程师组织审批后实施。

第六十八条　矿井疏干（降）开采可以应用"三图双预测法"进行顶板水害分区评价和预测。有条件的矿井可以应用数值模拟技术，进行导水裂隙带发育高度、疏干水量和地下水流场变化的模拟和预测；观测

地下水流场变化的模拟和预测。

第七十七条　当承压含水层与开采煤层之间的隔水层能够承受的水头值大于实际水头值时，开采后，隔水层不容易被破坏，煤层底板水突然涌出可能性小，可以进行带压开采，但应当制定安全措施，由煤矿企业总工程师审批。

安全隔水层厚度和突水系数计算公式见附录四。

第七十八条　当承压含水层与开采煤层之间的隔水层能够承受的水头值小于实际水头值时，开采前应当遵守下列规定：

（一）采取疏水降压的方法，把承压含水层的水头值降到隔水层能允许的安全水头值以下，并制定安全措施，由煤矿企业总工程师批准。总结适合本矿区（井）的安全水头值，指导安全生产。矿井排水考虑与矿区供水、生态环境保护相结合，推广应用矿井排水、供水、生态环保三位一体优化结合的管理模式和方法；

（二）承压含水层的集中补给边界已经基本查清情况下，可以预先进行帷幕注浆，截断水源，然后疏水降压开采；

（三）当承压含水层的补给水源充沛，不具备疏水降压和帷幕注浆

研究多煤层开采后导水裂隙带综合发育高度。

第六十九条 受离层水威胁（火成岩等坚硬覆岩下开采）的矿井，应当对煤层覆岩特征及其组合关系、力学性质、含水层富水性等进行分析，判断离层发育的层位，采取施工超前钻孔等手段，破坏离层空间的封闭性、预先疏放离层的补给水源或者超前疏放离层水等。

第三节 底板水防治

第七十条 底板水防治应当遵循井上与井下治理相结合、区域与局部治理相结合的原则。根据矿井实际，采取地面区域治理、井下注浆加固底板或者改造含水层、疏水降压、充填开采等防治水措施，消除水害威胁。

第七十一条 当承压含水层与开采煤层之间的隔水层能够承受的水头值大于实际水头值时，可以进行带压开采，但应当制定专项安全技术措施，由煤炭企业总工程师审批。

第七十二条 当承压含水层与开采煤层之间的隔水层能够承受的水头值小于实际水头值时，开采前应当遵守下列规定：

（一）采取疏水降压的方法，把承压含水层的水头值降到安全水头值以下，并制定安全措施，由煤炭企业总工程师审批。矿井排水应与矿区供水、生态环境保护相结合，推广应用矿井排水、供水、生态环保"三位一体"优化结合的管理模式和方法；

（二）承压含水层的集中补给边界已经基本查清情况下，可以预先进行帷幕注浆，截断水源，然后疏水降压开采；

（三）当承压含水层的补给水源充沛，不具备疏水降压和帷幕注浆的条件时，可以酌情采用局部注浆加固底板隔水层和改造含水层为弱含水层的方法，但应当编制专门的设计，在有充分防范措施的条件下进行试采，并制定专门的防止淹井措施，由煤矿企业总工程师批准。

安全水头压力值计算公式见附录五。

的条件时，**可以采用地面区域治理**，或者局部注浆加固底板隔水层、改造含水层的方法，但应当编制专门的设计，在有充分防范措施的条件下进行试采，并制定专门的防止淹井措施，由煤炭企业总工程师审批。

安全水头值计算公式见附录四。**各矿区应当总结适合本矿区的安全水头值**。

第七十三条　煤层底板存在高承压岩溶含水层，且富水性强或者极强，采用井下探查、注浆加固底板或者改造含水层时，应当符合下列要求：

（一）掘进前应当同时采用钻探和物探方法，确认无突水危险时方可施工。巷道底板的安全隔水层厚度，钻探与物探探测深度按附录五式（附5-1）合理确定，钻孔超前距和帮距参考附录六式（附6-3）确定；

（二）应当编制注浆加固底板或者改造含水层设计和施工安全技术措施，由煤矿总工程师组织审批。可结合矿井实际情况，建立地面注浆系统；

（三）注浆加固底板或者改造含水层结束后，由煤炭企业总工程师组织效果评价。采煤工作面突水系数按附录五式（附5-2）计算，不得大于0.1 MPa/m。

第七十四条　煤层底板存在高承压岩溶含水层，且富水性强或者极强，采用地面区域治理方法时，应当符合下列要求：

（一）煤矿总工程师组织编制区域治理设计方案，由煤炭企业总工程师审批；

（二）地面区域治理可以采用定向钻探技术，根据矿井水文地质条件确定治理目标层和布孔方式，并根据注浆扩散距离确定合理孔间距，施工中应当逢漏必注，循环钻进直至设计终孔位置，注浆终压不得小于底板岩溶含水层静水压力的1.5倍，达到探测、治理、验证"三位一体"的治理效果；

（三）区域治理工程结束后，对工程效果做出结论性评价，提交竣

第七十九条　有条件的矿井可以采用"脆弱性指数法"或者"五图－双系数法"等方法，对底板突水危险性进行综合分区评价，可以采用比拟法、解析法和数值模拟法等方法预计最大涌水量。

工报告，由煤炭企业总工程师组织验收。采煤工作面突水系数按附录五式（附5-2）计算，不得大于0.1 MPa/m；

（四）实施地面区域治理的区域，掘进前应当采用物探方法进行效果检验，没有异常的，可以正常掘进；发现异常的，应当采用钻探验证并治理达标。回采前应同时采用物探、钻探方法进行效果验证。

第七十五条 有条件的矿井可以采用"脆弱性指数法"或者"五图双系数法"等，对底板承压含水层突水危险性进行综合分区评价。

第四节 老空水防治

第七十六条 煤矿应当开展老空分布范围及积水情况调查工作，查清矿井和周边老空及积水情况，调查内容包括老空位置、形成时间、范围、层位、积水情况、补给来源等。老空范围不清、积水情况不明的区域，必须采取井上下结合的钻探、物探、化探等综合技术手段进行探查，编制矿井老空水害评价报告，制定老空水防治方案。

（一）地面物探可以采用地震勘探方法探查老空范围，采用直流电法、瞬变电磁法、可控源音频大地电磁测深法探查老空积水情况；

（二）井下物探可以采用槽波地震勘探、瑞利波勘探、无线电波透视法（坑透）探测老空边界，采用瞬变电磁法、直流电法、音频电穿透法探测老空积水情况；

（三）物探等探查圈定的异常区应当采用钻探方法验证；

（四）可以采用化探方法分析老空水来源及补给情况。

第七十七条 煤矿应当根据老空水查明程度和防治措施落实到位程度，对受老空水影响的煤层按威胁程度编制分区管理设计，由煤矿总工程师组织审批。老空积水情况清楚且防治措施落实到位的区域，划为可采区；否则，划为缓采区。缓采区由煤矿地测部门编制老空水探查设计，通过井上下探查手段查明老空积水情况，防治措施落实到位后，方

第六章　水 体 下 采 煤

　　第一百零二条　在河流、湖泊、水库和海域等地面水体下采煤，应当留足防隔水煤（岩）柱。在松散含水层下开采时，应当按照水体采动等级留设不同类型的防隔水煤(岩)柱（防水、防砂或者防塌煤岩柱）。

可转为可采区；治理后仍不能保证安全开采的，划为禁采区。

第七十八条 煤矿应当及时掌握本矿及相邻矿井距离本矿**200 m**范围内的采掘动态，将采掘范围、积水情况、防隔水煤（岩）柱等填绘在矿井充水性图、采掘工程平面图等图件上，并标出积水线、探水线和警戒线的位置。

第七十九条 当老空有大量积水或者有稳定补给源时，应当优先选择留设防隔水煤（岩）柱；当老空积水量较小或者没有稳定补给源时，应当优先选择超前疏干（放）方法；对于有潜在补给源的未充水老空，应当采取切断可能补给水源或者修建防水闸墙等隔离措施。

第八十条 疏放老空水时，应当由地测部门编制专门疏放水设计，经煤矿总工程师组织审批后，按设计实施。疏放过程中，应当详细记录放水量、水压动态变化。放水结束后，对比放水量与预计积水量，采用钻探、物探方法对放水效果进行验证，确保疏干放净。

第八十一条 近距离煤层群开采时，下伏煤层采掘前，必须疏干导水裂隙带波及范围内的上覆煤层采空区积水。

第八十二条 沿空掘进的下山巷道超前疏放相邻采空区积水的，在查明采空区积水范围、积水标高等情况后，可以实行限压（水压小于**0.01 MPa**）循环放水，但必须制定专门措施由煤矿总工程师审批。

第八十三条 应当对老空积水情况进行动态监测，监测内容包括水压、水量、水温、水质、有害气体等；采用留设防隔水煤（岩）柱和防水闸墙措施隔离老空水的，还应当对其安全状态进行监测。

第五节 水体下采煤

第八十四条 在矿井、水平、采区设计时必须划定受河流、湖泊、水库、采煤塌陷区和海域等地表水体威胁的开采区域。受地表水体威胁区域的近水体下开采，应当留足防隔水煤（岩）柱。

在基岩含水层（体）或者含水断裂带下开采时，应当对开采前后覆岩的渗透性及含水层之间的水力联系进行分析评价，确定采用留设防隔水煤（岩）柱或者采用疏干方法保证安全开采。

第一百零三条 在水体下采煤，其防隔水煤（岩）柱的留设，应当根据矿井水文地质及工程地质条件、开采方法、开采高度和顶板控制方法等，按照《建筑物、水体、铁路及主要井巷煤柱留设与压煤开采规程》中有关水体下开采的规定，由具有乙级及以上资质的煤炭设计单位编制可行性方案和开采设计，报省级煤炭行业管理部门审查批准后实施。采煤过程中，应当严格按照批准的设计要求，控制开采范围、开采高度和防隔水煤（岩）柱尺寸。

第一百零五条 为了合理地确定留设防隔水煤（岩）柱尺寸，应当对开采煤层上覆岩层进行专门水文地质工程地质勘探。

专门水文地质工程地质勘探应当包括下列内容：

（一）查明与煤层开采有关的上覆岩层水文地质结构，包括含水层、隔水层的厚度和分布，含水层水位、水质、富水性，各含水层之间的水力联系及补给、径流、排泄条件，断层的富水性、导水性；

（二）采用钻探、物探等方法探明工作面上方基岩面的起伏和基岩厚度。在松散含水层下开采时，特别应当查明松散层底部隔水层的厚度、变化与分布情况；

（三）通过岩芯工程地质编录和数字测井等，查明上覆岩土层的工程地质类型、覆岩组合及结构特征，采取岩土样进行物理力学性质测试。

第一百零六条 水体下防隔水煤（岩）柱，应当按照裂缝角与水体采动等级所要求的防隔水煤（岩）柱相结合的原则设计。进行水体下开采的防隔水煤（岩）柱留设尺寸预计时，覆岩垮落带、导水裂缝

在松散含水层下开采时，应当按照水体采动等级留设防水、防砂或者防塌等不同类型的防隔水煤（岩）柱。

在基岩含水层（体）或者含水断裂带下开采时，应当对开采前后覆岩的渗透性及含水层之间的水力联系进行分析评价，确定采用留设防隔水煤（岩）柱或者采用疏干（降）等方法保证安全开采。

第八十五条 水体下采煤，应当根据矿井水文地质及工程地质条件、开采方法、开采高度和顶板控制方法等，按照《建筑物、水体、铁路及主要井巷煤柱留设与压煤开采规范》中有关规定，编制专项开采方案设计，经有关专家论证，煤炭企业主要负责人审批后，**方可进行试采**。采煤过程中，应当严格按照批准的设计要求，控制开采范围、开采高度和防隔水煤（岩）柱尺寸。

第八十六条 进行水体下采煤的，应当对开采煤层上覆岩层进行专门水文地质工程地质勘探。

专门水文地质工程地质勘探应当包括下列内容：

（一）查明与煤层开采有关的上覆岩层水文地质结构，包括含水层、隔水层的厚度和分布，含水层水位、水质、富水性，各含水层之间的水力联系及补给、径流、排泄条件，断层的导**（含）**水性；

（二）采用钻探、物探等方法探明工作面上方基岩面的起伏和基岩厚度。在松散含水层下开采时，应当查明松散层底部隔水层的厚度、变化与分布情况；

（三）通过岩芯工程地质编录和数字测井等，查明上覆岩土层的工程地质类型、覆岩组合及结构特征，采取岩土样进行物理力学性质测试。

第八十七条 水体下**采煤**，其防隔水煤（岩）柱应当按照裂缝角与水体采动等级所要求的防隔水煤（岩）柱相结合的原则设计**留设**。**煤层（组）**垮落带、导水裂隙带高度、保护层厚度可以按照《建筑物、

带高度、保护层尺寸可以按照《建筑物、水体、铁路及主要井巷煤柱留设与压煤开采规程》中的公式计算，或者根据类似地质条件下的经验数据结合基于工程地质模型的力学分析、数值模拟等多种方法综合确定，同时还应当结合覆岩原始导水情况和开采引起的导水裂缝带进行叠加分析综合确定。涉及到水体下开采的矿区，应当开展覆岩垮落带、导水裂缝带高度和范围的实测工作，逐步积累经验，指导本矿区水体下开采工作。

采用放顶煤开采的保护层厚度，应当根据对上覆岩土层结构和岩性、顶板垮落带、导水裂缝带高度以及开采经验等分析确定。留设防砂和防塌安全煤（岩）柱开采的，应当结合上覆土层、风化带的临界水力坡度，进行抗渗透破坏评价，确保不发生溃水和溃砂事故。

第一百零七条　临近水体下的采掘工作，应当遵守下列规定：

（一）采用有效控制采高和开采范围的采煤方法，防止急倾斜煤层抽冒。在工作面范围内存在高角度断层时，采取有效措施，防止断层导水或者沿断层带抽冒破坏；

（二）在水体下开采缓倾斜及倾斜煤层时，宜采用倾斜分层长壁开采方法，并尽量减少第一、第二分层的采厚；上下分层同一位置的采煤间歇时间不小于4~6个月，岩性坚硬顶板间歇时间适当延长。留设防砂和防塌煤（岩）柱，采用放顶煤开采方法时，先试验后推广；

（三）严禁在水体下开采急倾斜煤层；

（四）开采煤层组时，采用间隔式采煤方法。如果仍不能满足安全开采的，修改煤柱设计，加大煤柱尺寸，保障矿井安全；

（五）当地表水体或松散层富水性强的含水层下无隔水层时，开采浅部煤层及在采厚大、含水层富水性中等以上、预计导水裂缝带大于水体与煤层间距时，采用充填法、条带开采和限制开采厚度等控制导水裂缝带发展高度的开采方法。对于易于疏降的中等富水性以上松散层底部

水体、铁路及主要井巷煤柱留设与压煤开采规范》中的公式计算，或者根据实测、类似地质条件下的经验数据结合力学分析、数值模拟、**物理模拟**等多种方法综合确定。**放顶煤开采或者大采高（3 m以上）综采的垮落带、导水裂隙带高度，应当根据本矿区类似地质条件实测资料等多种方法综合确定。煤层顶板存在富水性中等及以上含水层或者其他水体威胁时，应当实测垮落带、导水裂隙带发育高度，进行专项设计，确定防隔水煤（岩）柱尺寸。**

放顶煤开采的保护层厚度，应当根据对上覆岩土层结构和岩性、垮落带、导水裂隙带高度以及开采经验等分析确定。

留设防砂和防塌煤（岩）柱开采的，应当结合上覆土层、风化带的临界水力坡度，进行抗渗透破坏评价，确保不发生溃水和溃砂事故。

第八十八条 临近水体下的采掘工作，应当遵守下列规定：

（一）采用有效控制采高和开采范围的采煤方法，防止急倾斜煤层抽冒。在工作面范围内存在高角度断层时，采取有效措施，防止断层导水或者沿断层带抽冒破坏；

（二）在水体下开采缓倾斜及倾斜煤层时，宜采用倾斜分层长壁开采方法，并尽量减少第一、第二分层的采厚；上下分层同一位置的采煤间歇时间不得小于**6个月**，岩性坚硬顶板间歇时间适当延长。留设防砂和防塌煤（岩）柱，采用放顶煤开采方法时，先试验后推广；

（三）**严禁开采地表水体、老空水淹区域、强含水层下且水患威胁未消除的**急倾斜煤层；

（四）开采煤层组时，采用间隔式采煤方法。如果仍不能满足安全开采的，修改煤柱设计，加大煤柱尺寸，保障矿井安全；

（五）当地表水体或者松散层富水性强的含水层下无隔水层时，开采浅部煤层及在采厚大、含水层富水性中等以上、预计导水裂隙带大于水体与开采煤层间距时，采用充填法、条带开采、顶板关键层弱化或者限制开采厚度等控制导水裂隙带发育高度的开采方法。对于易于疏降的含水层，可以采用疏降含水层水位或者疏干等方法，以保证安全开采。

第一百零八条 进行水体下采掘活动时，应当加强水情和水体底界面变形的监测。试采结束后，矿井应当提交试采总结报告，研究规律，指导水体下采煤。

第一百零四条 在采掘过程中，当发现地质条件变化，需要缩小安全煤（岩）柱尺寸、提高开采上限时，应当进行可行性研究，并经省级煤炭行业管理部门审查批准后方可进行试采。

第四章 矿井防治水

第二节 防隔水煤（岩）柱的留设

第五十一条 相邻矿井的分界处，应当留防隔水煤（岩）柱。矿井以断层分界的，应当在断层两侧留有防隔水煤（岩）柱。

第五十二条 受水害威胁的矿井，有下列情况之一的，应当留设防隔水煤（岩）柱：

（一）煤层露头风化带；

（二）在地表水体、含水冲积层下和水淹区邻近地带；

中等富水性以上松散层底部含水层，可以采用疏降含水层水位或者疏干等方法，以保证安全开采；

（六）开采老空积水区内有陷落柱或者断层等构造发育的下伏煤层，在煤层间距大于预计的导水裂隙带波及范围时，还必须查明陷落柱或者断层等构造的导（含）水性，采取相应的防治措施，在隐患消除前不得开采。

第八十九条　进行水体下采掘活动时，应当加强水情和水体底界面变形的监测。试采结束后，提出试采总结报告，研究规律，指导类似条件下的水体下采煤。

第九十条　在采掘过程中，当发现地质条件变化，需要缩小防隔水煤（岩）柱尺寸、提高开采上限时，应当进行可行性研究和工程验证，组织有关专家论证评价，经煤炭企业主要负责人审批后方可进行试采。

缩小防隔水煤（岩）柱的，工作面内或者其附近范围内钻孔间距不得大于 500 m，且至少有 2 个以上钻孔控制含水层顶、底界面，查明含水层顶、底界面及含水层岩性组合、富水性等水文地质工程地质条件。

进行缩小防隔水煤（岩）柱试采时，必须开展垮落带和导水裂隙带的实测工作。

第六节　防隔水煤（岩）柱留设

第九十一条　相邻矿井的分界处，应当留设防隔水煤（岩）柱。矿井以断层分界的，应当在断层两侧留设防隔水煤（岩）柱。

第九十二条　有下列情况之一的，应当留设防隔水煤（岩）柱：

（一）煤层露头风化带；

（二）在地表水体、含水冲积层下或者水淹区域邻近地带；

（三）与富水性强的含水层间存在水力联系的断层、裂隙带或者强导水断层接触的煤层；

（四）有大量积水的老窑和采空区；

（五）导水、充水的陷落柱、岩溶洞穴或地下暗河；

（六）分区隔离开采边界；

（七）受保护的观测孔、注浆孔和电缆孔等。

第五十三条　矿井应当根据矿井的地质构造、水文地质条件、煤层赋存条件、围岩物理力学性质、开采方法及岩层移动规律等因素确定相应的防隔水煤（岩）柱的尺寸。防隔水煤（岩）柱的尺寸要求见附录三。

矿井防隔水煤（岩）柱应当由矿井地测机构组织编制专门设计，经矿井总工程师组织有关单位审查批准后实施。

第五十四条　矿井防隔水煤（岩）柱一经确定，不得随意变动。严禁在各类防隔水煤（岩）柱中进行采掘活动。

第五十五条　开采水淹区下的废弃防隔水煤（岩）柱时，应当彻底疏放上部积水。严禁顶水作业。

第五十六条　有突水历史或带压开采的矿井，应当分水平或分采区实行隔离开采。在分区之前，应当留设防隔水煤（岩）柱并建立防水闸门，以便在发生突水时，能够控制水势、减少灾情、保障矿井安全。

第四节　水闸门与水闸墙

第六十六条　水文地质条件复杂、极复杂的矿井，应当在井底车场周围设置防水闸门，或者在正常排水系统基础上安装配备排水能力不小于最大涌水量的潜水电泵排水系统。

（三）与富水性强的含水层间存在水力联系的断层、裂隙带或者强导水断层接触的煤层；

（四）有大量积水的老空；

（五）导水、充水的陷落柱、岩溶洞穴或者地下暗河；

（六）分区隔离开采边界；

（七）受保护的观测孔、注浆孔和电缆孔等。

第九十三条 矿井应当根据地质构造、水文地质条件、煤层赋存条件、围岩物理力学性质、开采方法及岩层移动规律等因素确定相应的防隔水煤（岩）柱的尺寸。防隔水煤（岩）柱的尺寸要求见附录六，**但不得小于 20 m**。

防隔水煤（岩）柱应当由矿井地测部门组织编制专门设计，经煤炭企业总工程师组织有关单位审批后实施。

第九十四条 矿井防隔水煤（岩）柱一经确定，不得随意变动。严禁在各类防隔水煤（岩）柱中进行采掘活动。

第九十五条 有突水淹井历史或者带压开采**并有突水淹井威胁**的矿井，应当分水平或者分采区实行隔离开采，留设防隔水煤（岩）柱。**多煤层开采矿井，各煤层的防隔水煤（岩）柱必须统一考虑确定。**

第七节 防水闸门与防水闸墙

第九十六条 水文地质类型复杂、极复杂或者有突水淹井危险的矿井，应当在井底车场周围设置防水闸门或者在正常排水系统基础上**另外安设由地面直接供电控制**，且排水能力不小于最大涌水量的潜水泵排水系统。**不具备形成独立潜水泵排水系统条件，与正常排水系统共用排水管路的老矿井，必须安装控制阀门，实现管路间的快速切换。**

第六十七条　在矿井有突水危险的采掘区域，应当在其附近设置防水闸门。不具备建筑防水闸门的隔离条件的，可以不建筑防水闸门，但应当制定严格的其他防治水措施，并经煤矿企业主要负责人审批同意。

第六十八条　建筑防水闸门应当符合下列规定：

（一）防水闸门由具有相应资质的单位进行设计，门体采用定型设计；

（二）防水闸门的施工及其质量，符合设计要求。闸门和闸门硐室不得漏水；

（三）防水闸门硐室前、后两端，分别砌筑不小于 5 m 的混凝土护硐，硐后用混凝土填实，不得空帮、空顶。防水闸门硐室和护硐采用高标号水泥进行注浆加固，注浆压力符合设计要求；

（四）防水闸门来水一侧 15～25 m 处，加设 1 道挡物箅子门。防水闸门与箅子门之间，不得停放车辆或堆放杂物。来水时，先关箅子门，后关防水闸门。如果采用双向防水闸门，在两侧各设 1 道箅子门；

（五）通过防水闸门的轨道、电机车架空线、带式输送机等能够灵活易拆。通过防水闸门墙体的各种管路和安设在闸门外侧的闸阀的耐压能力，与防水闸门所设计压力相一致。电缆、管道通过防水闸门墙体处，用堵头和阀门封堵严密，不得漏水；

（六）防水闸门安设观测水压的装置，并有放水管和放水闸阀；

（七）防水闸门竣工后，按照设计要求进行验收。对新掘进巷道内建筑的防水闸门，进行注水耐压试验；水闸门内巷道的长度不得大于15 m，试验的压力不得低于设计水压，其稳压时间在 24 h 以上，试压时有专门安全措施。

第六十九条　防水闸门应当灵活可靠，并保证每年进行 2 次关闭试验，其中 1 次在雨季前进行。关闭闸门所用的工具和零配件应当由专人保管，并在专门地点存放，任何人不得挪用丢失。

第七十条　井下需要构筑水闸墙的，应当由具有相应资质的单位进

第九十七条 有突水危险的采区，应当在其附近设置防水闸门；不具备设置防水闸门条件的，应当制定防突水措施，由煤炭企业主要负责人审批。

第九十八条 建筑防水闸门应当符合下列规定：

（一）防水闸门由具有相应资质的单位进行设计，门体应当采用定型设计；

（二）防水闸门的施工及其质量，应当符合设计要求。闸门和闸门硐室不得漏水；

（三）防水闸门硐室前、后两端，分别砌筑不小于5 m的混凝土护硐，硐后用混凝土填实，不得空帮、空顶。防水闸门硐室和护硐采用高标号水泥进行注浆加固，注浆压力应当符合设计要求；

（四）防水闸门来水一侧15～25 m处，加设1道挡物箅子门。防水闸门与箅子门之间，不得停放车辆或者堆放杂物。来水时，先关箅子门，后关防水闸门。如果采用双向防水闸门，应当在两侧各设1道箅子门；

（五）通过防水闸门的轨道、电机车架空线、带式输送机等**必须**灵活易拆。通过防水闸门墙体的各种管路和安设在闸门外侧的闸阀的耐压能力，与防水闸门所设计压力相一致。电缆、管道通过防水闸门墙体处，用堵头和阀门封堵严密，不得漏水；

（六）防水闸门必须安设观测水压的装置，并有放水管和放水闸阀；

（七）防水闸门竣工后，**必须**按照设计要求进行验收。对新掘进巷道内建筑的防水闸门，必须进行注水耐压试验；**防水闸门**内巷道的长度不得大于15 m，试验的压力不得低于设计水压，其稳压时间在24 h以上，试压时应当有专门安全措施；

（八）防水闸门必须灵活可靠，并保证每年进行2次关闭试验，其中1次在雨季前进行。关闭闸门所用的工具和零配件必须专人保管，专门地点存放，不得挪用丢失。

第九十九条 井下防水闸墙的设置应当根据**矿井水文地质条件确**

行设计，按照设计进行施工，并按照规定进行竣工验收；否则，不得投入使用。

第七十一条　报废巷道封闭时，在报废的暗井和倾斜巷道下口的密闭水闸墙应当留泄水孔，每月定期进行观测，雨季加密观测。

第六节　注　浆　堵　水

第八十条　井筒预注浆应当符合下列规定：

（一）当井筒预计穿过较厚裂隙含水层或者裂隙含水层较薄但层数较多时，可以选用地面预注浆；

（二）在制定注浆方案前，施工井筒检查孔，以获取含水层的埋深、厚度、岩性及简易水文观测、抽（压）水试验、水质分析等资料；

（三）注浆起始深度，确定在风化带以下较完整的岩层内。注浆终止深度，大于井筒要穿过的最下部含水层的埋深或者超过井筒深度 10~20 m；

（四）当含水层富水性较弱时，可以在井筒工作面直接注浆。

第八十一条　注浆封堵突水点应当符合下列规定：

（一）圈定突水点位置，分析突水点附近的地质构造，查明降压漏斗形态，分析突水前后水文观测孔和井、泉的动态变化，必要时需进行连通（示踪）试验；

（二）探明突水补给水源的充沛程度或者来水含水层的富水性，以及突水通道的性质和大小等；

（三）封堵突水点，注浆前，做连通试验和压（注）水试验；注浆前后，做好矿井排水对比分析；

（四）编制注浆堵水方案，经煤矿企业总工程师组织审查同意后实施。

定，其设计经煤炭企业总工程师批准后方可施工，投入使用前应当由煤炭企业总工程师组织竣工验收。

第一百条 报废的暗井和倾斜巷道下口的密闭防水闸墙必须留泄水孔，每月定期进行观测记录，雨季加密观测，<u>发现异常及时处理</u>。

第八节 注 浆 堵 水

第一百零一条 井筒预注浆应当符合下列规定：

（一）当井筒**（立井、斜井）** 预计穿过较厚裂隙含水层或者裂隙含水层较薄但层数较多时，可以选用地面**竖孔**预注浆**或者定向斜孔预注浆**；

（二）在制定注浆方案前，施工井筒检查孔，获取含水层的埋深、厚度、岩性及简易水文观测、抽（压）水试验、水质分析等资料；

（三）注浆起始深度确定在风化带以下较完整的岩层内。注浆终止深度大于井筒要穿过的最下部含水层底板的埋深或者超过井筒深度 10 ~20 m；

（四）当含水层富水性弱时，可以在井筒工作面直接注浆；

（五）<u>井筒预注浆方案，经煤炭企业总工程师组织审批后实施。</u>

第一百零二条 注浆封堵突水点时，<u>应当根据突水水量、水压、水质、水温及含水层水位动态变化特征等，综合分析判断突水水源，结合地层岩性、构造特征，分析判断突水通道性质特征，制定注浆堵水方案，经煤炭企业总工程师批准后实施。</u>

第八十二条 采用帷幕注浆方案前，应当对帷幕截流进行可行性研究。

帷幕注浆方案经论证确定后，应当查清地层层序、地质构造、边界条件，帷幕端点是否具备隔水层或闭合性断层及其隔水性能、地下水向矿井的渗流量、地下水流速和流向等水文地质条件。

编制帷幕注浆方案，经煤矿企业总工程师组织审查同意后实施。

第八十三条 当井下巷道穿过与河流、湖泊、溶洞、含水层等存在水力联系的导水断层、裂隙（带）、陷落柱等构造时，应当探水前进。如果前方有水，应当超前预注浆封堵加固，必要时可预先构筑防水闸门或者采取其他防治水措施。否则，不准施工。穿过含水层段的井巷，应当按照防水的要求进行壁后注浆处理。

第八十四条 当回采工作面内有导水的断层、裂隙或陷落柱时，应当按照规定留设防隔水煤（岩）柱，也可以采用注浆方法封堵导水通道；否则，不准采煤。注浆改造的工作面可以先进行物探，查明水文地质条件，根据物探资料打孔注浆改造，再用物探与钻探验证注浆改造效果。

第八十五条 涌水量大、有突水威胁的矿区，应当建立注浆专业队伍，负责注浆堵水工作。

第八十六条 工作面煤采完后，对于已经失去使用价值而需关闭的局部疏水降压钻孔，应当进行注浆封闭，并在有关图纸上标明其位置。

第八十七条 废弃矿井闭坑淹没前，应当采用物探、化探和钻探等方法，探测矿井边界防隔水煤（岩）柱破坏状况及其可能的透水地段，采用注浆堵水工程隔断废弃矿井与相邻生产矿井的水力联系，避免矿井发生水害事故。

第一百零三条　需要疏干（降）与区域水源有水力联系的含水层时，可以采取帷幕注浆截流措施。帷幕注浆方案编制前，应当对帷幕截流进行可行性研究，开展帷幕建设条件勘探，查明地层层序、地质构造、边界条件以及含水层水文地质工程地质参数，必要时开展地下水数值模拟研究。帷幕注浆方案经煤炭企业总工程师组织审批后实施。

第一百零四条　当井下巷道穿过含水层或者与河流、湖泊、溶洞、强含水层等存在水力联系的导水断层、裂隙（带）、陷落柱等构造前，应当查明水文地质条件，根据需要可以采取井下或者地面竖孔、定向斜孔超前预注浆封堵加固措施，巷道穿过后应当进行壁后围岩注浆处理。巷道超前预注浆封堵加固方案，经煤炭企业总工程师组织审批后实施。

第一百零五条　矿井闭坑前，应当采用物探、化探和钻探等方法，探测矿井边界防隔水煤（岩）柱破坏状况及其可能的透水地段，采取注浆堵水措施隔断废弃矿井与相邻生产矿井的水力联系，避免矿井发生水害事故。

第三节　排　水　系　统

第五十七条　矿井应当配备与矿井涌水量相匹配的水泵、排水管路、配电设备和水仓等，确保矿井能够正常排水。

第五十八条　矿井井下排水设备应当符合矿井排水的要求。除正在检修的水泵外，应当有工作水泵和备用水泵。工作水泵的能力，应当能在 20 h 内排出矿井 24 h 的正常涌水量（包括充填水及其他用水）。备用水泵的能力应当不小于工作水泵能力的 70%。工作和备用水泵的总能力，应当能在 20 h 内排出矿井 24 h 的最大涌水量。检修水泵的能力，应当不小于工作水泵能力的 25%。

水文地质条件复杂或者极复杂的矿井，除符合本条第一款规定外，可以在主泵房内预留安装一定数量水泵的位置，或者增加相应的排水能力。

水管应当有一定的备用量。工作水管的能力，应当能配合工作水泵在 20 h 内排出矿井 24 h 的正常涌水量。工作和备用水管的总能力，应当能配合工作和备用水泵在 20 h 内排出矿井 24 h 的最大涌水量。

配电设备的能力应当与工作、备用和检修水泵的能力相匹配，并能保证全部水泵同时运转。

有突水淹井危险的矿井，可以另行增建抗灾强排水系统。

第五十九条　矿井主要泵房应当至少有 2 个安全出口，一个出口用斜巷通到井筒，并高出泵房底板 7 m 以上；另一个出口通到井底车场。在通到井底车场的出口通路内，应当设置易于关闭的既能防水又能防火的密闭门。泵房和水仓的连接通道，应当设置可靠的控制闸门。

第六十条　矿井主要水仓应当有主仓和副仓，当一个水仓清理时，另一个水仓能够正常使用。

新建、改扩建矿井或者生产矿井的新水平，正常涌水量在 1000 m³/h

第九节　井下排水系统

第一百零六条　矿井应当配备与矿井涌水量相匹配的水泵、排水管路、配电设备和水仓等，**并满足矿井排水的需要**。除正在检修的水泵外，应当有工作水泵和备用水泵。工作水泵的能力，应当能在 20 h 内排出矿井 24 h 的正常涌水量（包括充填水及其他用水）。备用水泵的能力，应当不小于工作水泵能力的 70%。检修水泵的能力，应当不小于工作水泵的 25%。工作和备用水泵的总能力，应当能在 20 h 内排出矿井 24 h 的最大涌水量。

水文地质类型复杂、极复杂的矿井，除符合本条第一款规定外，可以在主泵房内预留一定数量的水泵**安装**位置，或者增加相应的排水能力。

排水管路应当有工作管路和备用管路。工作管路的能力，应当**满足**工作水泵在 20 h 内排出矿井 24 h 的正常涌水量。工作和备用管路的总能力，应当满足工作和备用水泵在 20 h 内排出矿井 24 h 的最大涌水量。

配电设备的能力应当与工作、备用和检修水泵的能力相匹配，能保证全部水泵同时运转。

第一百零七条　矿井主要泵房至少有 2 个出口，一个出口用斜巷通到井筒，并高出泵房底板 7 m 以上；另一个出口通到井底车场，在此出口通路内，应当设置易于关闭的既能防水又能防火的密闭门。泵房和水仓的连接通道，应当设置控制闸门。

第一百零八条　矿井主要水仓应当有主仓和副仓，当一个水仓清理时，另一个水仓能够正常使用。

新建、改扩建矿井或者生产矿井的新水平，正常涌水量在 1000 m³/h

以下时，主要水仓的有效容量应当能容纳 8 h 的正常涌水量。

正常涌水量大于 1000 m³/h 的矿井，主要水仓有效容量可以按照下式计算：

$$V = 2(Q + 3000)$$

式中　V——主要水仓的有效容量，m³；

　　　Q——矿井每小时的正常涌水量，m³。

采区水仓的有效容量应当能容纳 4 h 的采区正常涌水量。

矿井最大涌水量与正常涌水量相差大的矿井，排水能力和水仓容量应当由有资质的设计单位编制专门设计，由煤矿企业总工程师组织审查批准。

水仓进口处应当设置箅子。对水砂充填、水力采煤和其他涌水中带有大量杂质的矿井，还应当设置沉淀池。水仓的空仓容量应当经常保持在总容量的 50% 以上。

第六十一条　水泵、水管、闸阀、排水用的配电设备和输电线路，应当经常检查和维护。在每年雨季前，应当全面检修 1 次，并对全部工作水泵和备用水泵进行 1 次联合排水试验，发现问题，及时处理。

水仓、沉淀池和水沟中的淤泥，应当及时清理；每年雨季前，应当清理 1 次。

第六十三条　在水文地质条件复杂、极复杂矿区建设新井的，应当在井筒底留设潜水泵窝，老矿井也应当改建增设潜水泵窝。井筒开凿到底后，井底附近应当设置具有一定能力的临时排水设施，保证临时变电所、临时水仓形成之前的施工安全。

第六十二条　对于采用平硐泄水的矿井，其平硐的总过水能力应当不小于历年最大渗入矿井水量的 1.2 倍；水沟或者泄水巷的标高，应当比主运输巷道的标高低。

以下时，主要水仓的有效容量应当能容纳**所承担排水区域8 h的正常涌水量**。

正常涌水量大于 1000 m³/h 的矿井，主要水仓有效容量可以按照下式计算

$$V = 2(Q + 3000) \tag{5-1}$$

式中 V——主要水仓的有效容量，m³；

Q——矿井每小时的正常涌水量，m³。

采区水仓的有效容量应当能容纳 4 h 的采区正常涌水量，**排水设备应当满足采区排水的需要**。

矿井最大涌水量与正常涌水量相差大的矿井，排水能力和水仓容量应当由有资质的设计单位编制专门设计，由煤炭企业总工程师组织**审批**。

水仓进口处应当设置箅子。对水砂充填和其他涌水中带有大量杂质的矿井，还应当设置沉淀池。各水仓的空仓容量应当经常保持在总容量的 50% 以上。

第一百零九条 水泵、水管、闸阀、配电设备和线路，必须经常检查和维护。在每年雨季之前，应当全面检修 1 次，并对全部工作水泵、备用水泵及潜水泵进行 1 次联合排水试验，**提交联合排水试验报告**。

水仓、沉淀池和水沟中的淤泥，应当及时清理；每年雨季前**必须**清理 1 次。**检修、清理工作应当做好记录，并存档备查**。

第一百一十条 特大型矿井根据井下生产布局及涌水情况，可以分区建设排水系统，实现独立排水，排水能力根据分区预测的正常和最大涌水量计算配备，但泵房总体设计需满足第一百零六条至第一百零九条要求。

第一百一十一条 采用平硐自流排水的矿井，平硐内水沟的总过水能力应当不小于历年矿井最大涌水量的 1.2 倍；**专门泄水巷的顶板**标高应当**低于**主运输巷道底板的标高。

　　第六十四条　对于在建矿井，在永久排水系统形成前，各施工区应当设置临时排水系统，并保证有足够的排水能力。

　　第六十五条　生产矿井延深水平，只有在建成新水平的防、排水系统后，方可开拓掘进。

第一百一十二条 新建矿井永久排水系统形成前，各施工区应当设置临时排水系统，**并按该区预计的最大涌水量配备排水设备、设施**，保证有足够的排水能力。

第一百一十三条 生产矿井延深水平，只有在建成新水平的防、排水系统后，方可开拓掘进。

第七章　　露天煤矿防治水

第一百零九条　露天煤矿应当在每年年初制定防排水计划和措施。雨季前，煤矿应当对防排水设施进行全面检查。对低于当地洪水位的建筑，煤矿应当按照规定采取修筑堤坝、沟渠和疏通水沟等防洪措施。

第一百一十条　露天煤矿地表及边坡上的防排水设施，应当避开有滑坡危险的地段。排水沟应当经常检查、清淤，防止渗漏、倒灌或者漫流。当采场内有滑坡区时，应当在滑坡区周围设置截水沟。当水沟经过有变形、裂缝的边坡地段时，应当采取防渗措施。

第一百一十一条　当采用采掘场坑底储水的排水方式时，其排水期限应当符合下列规定：

（一）因储水而停止采煤的工作面数少于采煤工作面总数的 1/3 时，不得大于 15 日；

（二）因储水而停止采煤的工作面占采煤工作面总数的 1/3～1/2 时，不得大于 7 日；

（三）因储水而停止采煤的工作面多于采煤工作面总数的 1/2 时，不得大于 3 日；

（四）采用井巷排水时，采取安全措施，备用水泵的能力不得小于工作水泵能力的 50%。

第六章　露天煤矿防治水

第一百一十四条　露天煤矿应当制定防治水中长期规划，对地下水、地表水和降水可能对排土场、工业广场、采场等区域造成的危害进行风险评估；应当在每年年初制定防排水计划和措施，由煤炭企业负责人审批。雨季前必须对防排水设施作全面检查，并完成防排水设施检修。新建的重要防排水工程必须在雨季前完工。

第一百一十五条　露天煤矿各种设施要充分考虑当地历史最高洪水位的影响，对低于当地历史最高洪水位的设施，必须按规定采取修筑堤坝沟渠、疏通水沟等防洪措施，矿坑内必须形成可靠排水系统。

第一百一十六条　露天煤矿地表及边坡上的防排水设施，应当避开有滑坡危险的地段；当采场内有滑坡区时，应当在滑坡区周围采取设置截水沟等措施。排水沟应当经常检查、清淤，不应渗漏、倒灌或者漫流；当水沟经过有变形、裂缝的边坡地段时，应当采取防渗措施。排土场应当保持平整，不得有积水，周围应当修筑可靠的截泥、防洪或者排水设施。

第一百一十七条　用露天采场深部做储水池排水时，必须采取安全措施，备用水泵的能力不得小于工作水泵能力的 50%。

第一百一十二条　当地层含水影响采矿工程正常进行时，应当进行疏干。疏干工程应当超前采矿工程。在矿床疏干漏斗范围内，如果地面出现裂缝、塌陷，应当圈定范围加以防护、设置警示标志，并采取安全措施。(半) 地下疏干泵房应当设通风装置。

第一百一十三条　受地下水影响较大和已经进行疏干排水工程的边坡，应当进行地下水位、水压及涌水量的观测，分析地下水对边坡稳定的影响程度及疏干的效果，制定地下水治理措施。

第一百一十四条　因地下水水位升高，可能造成排土场或者采场滑坡的，应当进行地下水疏干。

第一百一十八条 地层含水影响采矿工程正常进行时，应当进行疏干，**当疏干不可行，可以采取帷幕注浆截流等措施，疏干、帷幕注浆截流**等工程应当超前于采矿工程。在矿床疏干漏斗范围内，如果地面出现裂缝、塌陷时，应当圈定范围加以防护、设置警示标志，并采取安全措施；（半）地下疏干泵房应当设通风装置。

第一百一十九条 受地下水影响较大和已进行疏干排水工程的边坡，应当施工水文观测孔，进行地下水位、水压及矿坑涌水量的观测，分析地下水对边坡稳定的影响程度及疏干的效果，并制定地下水治理措施。

第一百二十条 排土场进行排弃时，底部应当排弃易透水的大块岩石，确保排土场正常渗流。对含有泉眼、冲沟等水文地质条件复杂的排土场，应当采用引水隧道、暗涵、盲沟等工程措施，确保排土场排水畅通。因地下水水位升高，可能造成排土场或者采场滑坡时，必须进行地下水疏干。

第一百二十一条 露天煤矿采排场周围存在地表河流、水库或者地下水体，且水体难以疏干，应当进行专门的水文地质勘探，确定含水区域准确边界，进行专门设计，确定防隔水煤（岩）柱尺寸。并定期对水位水情进行观测，分析防隔水煤（岩）柱稳定情况。

第八章　水害应急救援

第一节　应急预案及实施

第一百一十五条　煤矿企业、矿井应当根据本单位的主要水害类型和可能发生的水害事故，制定水害应急预案和现场处置方案。应急预案内容应当具有针对性、科学性和可操作性。处置方案应当包括发生不可预见性水害事故时，人员安全撤离的具体措施，每年都应当对应急预案修订完善并进行 1 次救灾演练。

第一百一十六条　矿井管理人员和调度室人员应当熟悉水害应急预案和现场处置方案。

第一百一十七条　矿井应当设置安全出口，规定避水灾路线，设置贴有反光膜的清晰路标，并让全体职工熟知，以便一旦突水，能够安全撤离，避免意外伤亡事故。

第一百一十八条　井下泵房应当积极推广无人值守和远程监控集控系统，加强排水系统检测与维修，时刻保持水仓容量不小于 50% 和排

第七章　水害应急处置

第一节　应急预案及实施

第一百二十二条　煤炭企业、煤矿应当开展水害风险评估和应急资源调查工作，根据风险评估结论及应急资源状况，制定水害应急专项预案和现场处置方案，并组织评审，形成书面评审纪要，由本单位主要负责人批准后实施。应急预案内容应当具有针对性、科学性和可操作性。

第一百二十三条　煤炭企业、煤矿应当组织开展水害应急预案、应急知识、自救互救和避险逃生技能的培训，使矿井管理人员、调度室人员和其他相关作业人员熟悉预案内容、应急职责、应急处置程序和措施。

第一百二十四条　每年雨季前至少组织开展 1 次水害应急预案演练。演练结束后，应当对演练效果进行评估，分析存在的问题，并对水害应急预案进行修订完善。演练计划、方案、记录和总结评估报告等资料保存期限不得少于 2 年。

第一百二十五条　矿井必须规定避水灾路线，设置能够在矿灯照明下清晰可见的避水灾标识。巷道交叉口必须设置标识，采区巷道内标识间距不得大于 200 m，矿井主要巷道内标识间距不得大于 300 m，并让井下职工熟知，一旦突水，能够安全撤离。

第一百二十六条　井下泵房应当积极推广无人值守和地面远程监控集控系统，加强排水系统检测与维修，时刻保持排水系统运转正常。水

水系统运转正常。受水威胁严重的矿井，应当实现井下泵房无人值守和地面远程监控，推广使用地面操控的潜水泵排水系统。

第一百一十九条　现场发现水情的作业人员，应当立即向矿井调度室报告有关突水地点及水情，并通知周围有关人员撤离到安全地点或升井。

第一百二十条　矿井调度室接到水情报告后，应当立即启动本矿井水害应急预案，根据来水方向、地点、水量等因素，确定人员安全撤离的路径，通知井下受水患影响地点的人员马上撤离到安全地点或者升井，向值班负责人和矿井主要负责人汇报，并将水患情况通报周边所有矿井。

第一百二十一条　当发生突水时，矿井应当立即做好关闭防水闸门的准备，在确认人员全部撤离后，方可关闭防水闸门。

第一百二十二条　矿井应当根据水患的影响程度，及时调整井下通风系统，避免风流紊乱、有害气体超限。

第一百二十三条　矿井应当将防范暴雨洪水引发煤矿事故灾难的情况纳入《事故应急救援预案》和《灾害预防处理计划》中，落实防范暴雨洪水所需的物资、设备和资金，建立专业抢险救灾队伍，或者与专业抢险救灾队伍签订协议。

第一百二十四条　矿井应当加强与各级抢险救灾机构的联系，掌握抢救技术装备情况，一旦发生水害事故，立即启动相应的应急预案，争取社会救援，实施事故抢救。

第一百二十五条　水害事故发生后，矿井应当依照有关规定报告政府有关部门，不得迟报、漏报、谎报或者瞒报。

第二节　排水恢复被淹井巷

第一百二十六条　恢复被淹井巷前，应当编制突水淹井调查报告。报告应当包括下列主要内容：

<u>文地质类型复杂、极复杂的矿井</u>，应当实现井下泵房无人值守和地面远程监控。

第一百二十七条 煤矿调度室接到水情报告后，应当立即启动本矿水害应急预案，向值班负责人和主要负责人汇报，并将水患情况通报周边所有煤矿。

第一百二十八条 当发生突水时，矿井应当立即做好关闭防水闸门的准备，在确认人员全部撤离后，方可关闭防水闸门。

第一百二十九条 矿井应当根据水患的影响程度，及时调整井下通风系统，避免风流紊乱、有害气体超限。

第一百三十条 煤矿应当将防范灾害性天气引发煤矿事故灾难的情况纳入事故应急处置预案和灾害预防处理计划中，落实防范暴雨洪水等所需的物资、设备和资金，建立专业抢险救灾队伍，或者与专业抢险救灾队伍签订协议。

第一百三十一条 煤矿应当加强与各级抢险救灾机构的联系，掌握抢救技术装备情况，一旦发生水害事故，立即启动相应的应急预案，争取社会救援，实施事故抢救。

第一百三十二条 水害事故发生后，煤矿应当依照有关规定报告政府有关部门，不得迟报、漏报、谎报、瞒报。

第二节 排水恢复被淹井巷

第一百三十三条 恢复被淹井巷前，应当编制矿井突水淹井调查分析报告。报告应当包括下列主要内容：

（一）突水淹井过程，突水点位置，突水时间，突水形式，水源分析，淹没速度和涌水量变化等；

（二）突水淹没范围，估算积水量；

（三）预计排水中的涌水量。查清淹没前井巷各个部分的涌水量，推算突水点的最大涌水量和稳定涌水量，预计恢复中各不同标高段的涌水量，并设计恢复过程中排水量曲线；

（四）提供分析突水原因用的有关水文地质点（孔、井、泉）的动态资料和曲线，水文地质平面图、剖面图，矿井充水性图和水化学资料等。

第一百二十七条　矿井恢复时，应当设有专人跟班定时测定涌水量和下降水面高程，并做好记录；观察记录恢复后井巷的冒顶、片帮和淋水等情况；观察记录突水点的具体位置、涌水量和水温等，并作突水点素描；定时对地面观测孔、井、泉等水文地质点进行动态观测，并观察地面有无塌陷、裂缝现象等。

第一百二十八条　排除井筒和下山的积水及恢复被淹井巷前，应当制定防止被水封住的有害气体突然涌出的安全措施。排水过程中，应当有矿山救护队检查水面上的空气成分；发现有害气体，及时处理。

第一百二十九条　矿井恢复后，应当全面整理淹没和恢复两个过程的图纸和资料，确定突水原因，提出避免发生重复事故的措施意见，并总结排水恢复中水文地质工作的经验和教训。

（一）突水淹井过程，突水点位置，突水时间，突水形式，水源分析，淹没速度和涌水量变化等；

（二）突水淹没范围，估算积水量；

（三）预计排水过程中的涌水量。依据淹没前井巷各个部分的涌水量，推算突水点的最大涌水量和稳定涌水量，预计恢复过程中各不同标高段的涌水量，并设计排水量曲线；

（四）分析突水原因所需的有关水文地质点（孔、井、泉）的动态资料和曲线、矿井综合水文地质图、**矿井水文地质**剖面图、矿井充水性图和水化学资料等。

第一百三十四条　矿井恢复时，应当设有专人跟班定时测定涌水量和下降水面高程，并做好记录；观察记录恢复后井巷的冒顶、片帮和淋水等情况；观察记录突水点的具体位置、涌水量和水温等，并作突水点素描；定时对地面观测孔、井、泉等水文地质点进行动态观测，并观察地面有无塌陷、裂缝现象等。

第一百三十五条　排除井筒和下山的积水及恢复被淹井巷前，应当制定防止被水封闭的有害气体突然涌出的安全措施。排水过程中，矿山救护队**应当现场监护**，并检查水面上的空气成分；发现有害气体，及时处理。

第一百三十六条　矿井恢复后，应当全面整理淹没和恢复两个过程的图纸和资料，查明突水原因，**提出防范措施**。

第九章　罚　　　则

第一百三十条　煤矿企业违反本规定第五条第一款规定的，给予警告，并处 2 万元以下的罚款。

煤矿企业违反本规定第五条第二款规定仍然进行生产的，责令停产整顿，处 50 万元以上 100 万元以下的罚款；对煤矿企业负责人处 3 万元以上 5 万元以下的罚款。

第一百三十一条　煤矿企业违反本规定第八条第一款规定的，责令停产整顿，处 50 万元以上 100 万元以下的罚款；对煤矿企业负责人处 10 万元以上 15 万元以下的罚款。

煤矿企业违反本规定第八条第二款规定的，责令停产整顿，处 150 万元以上 200 万元以下的罚款；对煤矿企业负责人处 12 万元以上 15 万元以下的罚款。

第一百三十二条　煤矿企业违反本规定第十四条、第十五条规定的，给予警告，并处 1 万元以上 3 万元以下的罚款；对煤矿企业负责人处 1 万元以下的罚款。

煤矿企业违反本规定第十四条、第十五条规定，提供虚假防治水图件应付检查或者影响事故抢险救援的，给予警告，可以并处 5 万元以上 10 万元以下的罚款；情节严重的，责令停产整顿。

第一百三十三条　煤矿企业违反本规定第二十六条规定，有下列情形之一的，处 3 万元以下的罚款；对企业负责人处 1 万元以下的罚款。

（一）遇突水点时，未详细观测记录突水的时间、地点、确切位置、出水层位、岩性、厚度、出水形式、围岩破坏情况，并未测定涌水量、水温、水质、含砂量的；

（二）未按照规定观测突水点附近的出水点和观测孔涌水量、水位的变化，并分析突水原因的；

（三）未按照规定对各主要突水点进行系统观测，并编制卡片、平面图和素描图的；

（四）未按规定上报突水事故的。

第一百三十四条 煤矿企业违反本规定第五十四条、第五十五条规定的，责令停产整顿，处 100 万元以上 150 万元以下的罚款；对企业负责人处 7 万元以上 12 万元以下的罚款。

第一百三十五条 煤矿企业违反本规定第七十条规定的，责令停产整顿，处 10 万元以上 50 万元以下的罚款；对企业负责人处 1 万元以上 3 万元以下的罚款。

第一百三十六条 煤矿企业违反本规定第九十条、第九十一条规定的，给予警告，并处 1 万元以上 3 万元以下的罚款；对企业负责人处 1 万元以下的罚款。

第一百三十七条 煤矿企业违反本规定第九十二条规定的，处 2 万元以下的罚款。

第一百三十八条 煤矿企业违反本规定第九十五条规定的，责令停产整顿，处 10 万元以上 50 万元以下的罚款；对企业负责人处 1 万元以上 3 万元以下的罚款。

第一百三十九条 煤矿企业违反本规定造成透水事故的，按照有关规定进行调查处理，并依法给予行政处罚。

第一百四十条 本规定设定的行政处罚，由煤矿安全监察机构或者地方人民政府负责煤矿安全生产监督管理职责的部门实施。

第十章　附　　　则

第一百四十一条　本规定下列用语的含义：

老空，是指采空区、老窑和已经报废井巷的总称。

采空区，是指采煤以后不再维护的空间。

水淹区域，是指被水淹没的井巷和被水淹没的老空的总称。

矿井正常涌水量，是指矿井开采期间，单位时间内流入矿井的水量。

矿井最大涌水量，是指矿井开采期间，正常情况下矿井涌水量的高峰值。

安全水头，是指不致引起矿井突水的承压水头最大值。

防隔水煤（岩）柱，是指为确保近水体安全采煤而留设的煤层开采上（下）限至水体底（顶）界面之间的煤岩层区段。

探放水，是指包括探水和放水的总称。探水是指采矿过程中用超前勘探方法，查明采掘工作面顶底板、侧帮和前方等水体的具体空间位置和状况等情况。放水是指为了预防水害事故，在探明情况后采取钻孔等安全方法将水体放出。

第八章 附　　则

第一百三十七条　本细则下列用语的含义：

老空，是指采空区、老窑和已经报废井巷的总称。

采空区，是指回采以后不再维护的空间。

火烧区，是指出露或者接近地表的煤层经过氧化燃烧，并伴随其高温引起顶底板岩层的物化特征发生变化，形成的空间区域。

水淹区域，是指被水淹没的井巷和被水淹没的老空的总称。

矿井正常涌水量，是指矿井开采期间，单位时间内流入矿井的平均水量。一般以年度作为统计区间，以"m^3/h"为计量单位。

矿井最大涌水量，是指矿井开采期间，正常情况下矿井涌水量的高峰值。**主要与采动影响和降水量有关，不包括矿井灾害水量。**一般以年度作为统计区间，以"m^3/h"为计量单位。

突水，是指含水层水的突然涌出。

透水，是指老空水的突然涌出。

离层水，是指煤层开采后，顶板覆岩不均匀变形及破坏而形成的离层空腔积水。

安全水头**值**，是指隔水层能承受含水层的最大水头压力值。

防隔水煤（岩）柱，是指为确保近水体安全采煤而留设的煤层开采上（下）限至水体底（顶）界面之间的煤岩层区段。

探放水，是指包括探水和放水的总称。探水是指采矿过程中用超前勘探方法，查明采掘工作面顶底板、侧帮和前方等水体的具体空间位置和状况等情况。放水是指为了预防水害事故，在探明情况后采用施工钻孔等安全方法将水体放出。

垮落带，是指由采煤引起的上覆岩层破裂并向采空区垮落的岩层范围。

导水裂缝带，是指开采煤层上方一定范围内的岩层发生垮落和断裂，产生裂缝，且具有导水性的岩层范围。

抽冒，是指在浅部厚煤层、急倾斜煤层及断层破碎带和基岩风化带附近采煤或掘巷时，顶板岩层或煤层本身在较小范围内垮落超过正常高度的现象。

带压开采，是指在具有承压水压力的含水层上进行的采煤。

隔水层厚度，是指开采煤层底板至含水层顶面之间隔水的完整岩层的厚度。

三图－双预测法，是指一种解决煤层顶板充水水源、通道和强度三大问题的顶板水害评价方法。三图是指煤层顶板充水含水层富水性分区图、顶板垮裂安全性分区图和顶板涌（突）水条件综合分区图。双预测是指顶板充水含水层预处理前、后回采工作面分段和整体工程涌水量预测。

脆弱性指数法，是指将可确定底板突水多种主控因素权重系数的信息融合与具有强大空间信息分析处理功能的 GIS 耦合于一体的煤层底板水害评价方法。

五图－双系数法，是指一种煤层底板水害评价方法。五图是指底板保护层破坏深度等值线图、底板保护层厚度等值线图、煤层底板以上水头等值线图、有效保护层厚度等值线图、带压开采评价图。双系数是指带压系数和突水系数。

垮落带，是指由采煤引起的上覆岩层破裂并向采空区垮落的岩层范围。

导水裂隙带，是指垮落带上方一定范围内的岩层发生断裂，产生裂隙，且具有导水性的岩层范围。

抽冒，是指在浅部厚煤层、急倾斜煤层及断层破碎带和基岩风化带附近采煤或者掘进时，顶板岩层或者煤层本身在较小范围内垮落超过正常高度的现象。

带压开采，是指在具有承压水压力的含水层上进行的采煤。

隔水层厚度，是指开采煤层底板至含水层顶面之间的厚度。

三图双预测法，是指一种解决煤层顶板充水水源、通道和强度三大问题的顶板水害评价方法。三图是指煤层顶板充水含水层富水性分区图、顶板垮裂安全性分区图和顶板涌（突）水条件综合分区图；双预测是指顶板充水含水层预处理前、后采煤工作面分段和整体工程涌水量预测。

脆弱性指数法，是指将可以确定底板突水多种主控因素权重系数的信息融合与具有强大空间信息分析处理功能的 GIS 耦合于一体的煤层底板水害评价方法。

五图双系数法，是指一种煤层底板水害评价方法。五图是指底板保护层破坏深度等值线图、底板保护层厚度等值线图、煤层底板以上水头等值线图、有效保护层厚度等值线图、带压开采评价图；双系数是指带压系数和突水系数。

积水线，是指经过调查确定的积水边界线。

探水线，是指用钻探方法进行探水作业的起始线。

警戒线，是指开始加强水情观测、警惕积水威胁的起始线。

超前距，是指探水钻孔沿巷道掘进前方所控制范围超前于掘进工作面迎头的最小安全距离。

第一百四十二条　本规定自 2009 年 12 月 1 日起施行。1984 年 5 月 15 日原煤炭工业部颁发的《矿井水文地质规程》（试行）和 1986 年 9 月 9 日原煤炭工业部颁发的《煤矿防治水工作条例》（试行）同时废止。

帮距，是指最外侧探水钻孔所控制范围与巷道帮的最小安全距离。

煤炭企业，是指从事煤炭生产与煤矿建设具有法人地位的企业。

煤矿，是指直接从事煤炭生产和煤矿建设的业务单元，可以是法人单位，也可以是非法人单位，包括井工和露天煤矿。

矿井，是指从事地下开采的煤矿。

第一百三十八条　本细则自2018年9月1日起施行。原国家安全生产监督管理总局2009年9月21日公布的《煤矿防治水规定》同时废止。

附录二　含水层富水性的等级标准

按钻孔单位涌水量（q），含水层富水性（见注）分为以下 4 级：

1. 弱富水性：$q \leqslant 0.1\,\mathrm{L/(s \cdot m)}$；

2. 中等富水性：$0.1\,\mathrm{L/(s \cdot m)} < q \leqslant 1.0\,\mathrm{L/(s \cdot m)}$；

3. 强富水性：$1.0\,\mathrm{L/(s \cdot m)} < q \leqslant 5.0\,\mathrm{L/(s \cdot m)}$；

4. 极强富水性：$q > 5.0\,\mathrm{L/(s \cdot m)}$。

注：评价含水层的富水性，钻孔单位涌水量以口径 91 mm、抽水水位降深 10 m 为准；若口径、降深与上述不符时，应当进行换算后再比较富水性。换算方法：先根据抽水时涌水量 Q 和降深 S 的数据，用最小二乘法或图解法确定 $Q = f(S)$ 曲线，根据 $Q - S$ 曲线确定降深 10 m 时抽水孔的涌水量，再用下面的公式计算孔径为 91 mm 时的涌水量，最后除以 10 m 便是单位涌水量。

$$Q_{91} = Q_{孔} \left(\frac{\lg R_{孔} - \lg r_{孔}}{\lg R_{91} - \lg r_{91}} \right)$$

式中　　Q_{91}、R_{91}、r_{91}——孔径为 91 mm 的钻孔的涌水量、影响半径和钻孔半径；

　　　　$Q_{孔}$、$R_{孔}$、$r_{孔}$——孔径为 r 的钻孔的涌水量、影响半径和钻孔半径。

附录一　含水层富水性及突水点等级划分标准

一、按照钻孔单位涌水量 q 值大小，将含水层富水性分为以下 4 级。

1. 弱富水性：$q \leqslant 0.1$ L/（s・m）；

2. 中等富水性：0.1 L/（s・m）< $q \leqslant 1.0$ L/（s・m）；

3. 强富水性：1.0 L/（s・m）< $q \leqslant 5.0$ L/（s・m）；

4. 极强富水性：$q > 5.0$ L/（s・m）。

注：评价含水层的富水性，钻孔单位涌水量以口径 91 mm、抽水水位降深 10 m 为准；若口径、降深与上述不符时，应当进行换算后再比较富水性。换算方法：先根据抽水时涌水量 Q 和降深 S 的数据，用最小二乘法或者图解法确定 $Q = f(S)$ 曲线，根据 $Q - S$ 曲线确定降深 10 m 时抽水孔的涌水量，再用下面的公式计算孔径为 91 mm 时的涌水量，最后除以 10 m 即单位涌水量。

$$Q_{91} = Q \left(\frac{\lg R - \lg r}{\lg R_{91} - \lg r_{91}} \right) \qquad （附 1 - 1）$$

式中　Q_{91}、R_{91}、r_{91}——孔径为 91 mm 的钻孔的涌水量、影响半径和钻孔半径；

　　　　Q、R、r——拟换算钻孔的涌水量、影响半径和钻孔半径。

二、按照突水量 Q 值大小，将突水点分为以下 4 级。

1. 小突水点：30 m³/h $\leqslant Q \leqslant$ 60 m³/h；

2. 中等突水点：60 m³/h < $Q \leqslant$ 600 m³/h；

3. 大突水点：600 m³/h < $Q \leqslant$ 1800 m³/h；

4. 特大突水点：$Q > $ 1800 m³/h。

附录一　矿井水文地质主要图件内容及要求

三、矿井综合水文地质图

矿井综合水文地质图是反映矿井水文地质条件的图纸之一，也是进行矿井防治水工作的主要参考依据。综合水文地质图一般在井田地形地质图的基础上编制，比例尺为 1/2000 ~ 1/10000。主要内容有：

1. 基岩含水层露头（包括岩溶）及冲积层底部含水层（流砂、砂砾、砂礓层等）的平面分布状况。

2. 地表水体，水文观测站，井、泉分布位置及陷落柱范围。

3. 水文地质钻孔及其抽水试验成果。

4. 基岩等高线（适用于隐伏煤田）。

5. 已开采井田井下主干巷道、矿井回采范围及井下突水点资料。

6. 主要含水层等水位（压）线。

7. 老窑、小煤矿位置及开采范围和涌水情况。

8. 有条件时，划分水文地质单元，进行水文地质分区。

四、矿井综合水文地质柱状图

矿井综合水文地质柱状图是反映含水层、隔水层及煤层之间的组合关系和含水层层数、厚度及富水性的图纸。一般采用相应比例尺随同矿井综合水文地质图一道编制。主要内容有：

1. 含水层年代地层名称、厚度、岩性、岩溶发育情况。

2. 各含水层水文地质试验参数。

附录二 矿井水文地质图件主要内容及要求

一、矿井综合水文地质图

矿井综合水文地质图是反映矿井水文地质条件的图纸之一，也是进行矿井防治水工作的主要参考依据。综合水文地质图一般在井田地形地质图的基础上编制，比例尺为 **1：2000、1：5000 或者 1：10000**。主要内容有：

1. 基岩含水层露头（包括岩溶）及冲积层底部含水层（流砂、砂砾、砂礓层等）的平面分布状况；

2. 地表水体，水文观测站，井、泉分布位置及陷落柱范围；

3. 水文地质钻孔及其抽水试验成果；

4. 基岩等高线（适用于隐伏煤田）；

5. 已开采井田井下主干巷道、矿井回采范围及井下突水点资料；

6. 主要含水层等水位（压）线；

7. 老窑、小煤矿位置及开采范围和涌水情况；

8. 有条件时，划分水文地质单元，进行水文地质分区。

二、矿井综合水文地质柱状图

矿井综合水文地质柱状图是反映含水层、隔水层及煤层之间的组合关系和含水层层数、厚度及富水性的图纸。一般采用相应比例尺随同矿井综合水文地质图一道编制。主要内容有：

1. 含水层年代地层名称、厚度、岩性、岩溶发育情况；

2. 各含水层水文地质试验参数；

3. 含水层的水质类型。

五、矿井水文地质剖面图

矿井水文地质剖面图主要是反映含水层、隔水层、褶曲、断裂构造等和煤层之间的空间关系。主要内容有：

1. 含水层岩性、厚度、埋藏深度、岩溶裂隙发育深度。

2. 水文地质孔、观测孔及其试验参数和观测资料。

3. 地表水体及其水位。

4. 主要井巷位置。

矿井水文地质剖面图一般以走向、倾向有代表性的地质剖面为基础。

一、矿井充水性图

矿井充水性图是综合记录井下实测水文地质资料的图纸，是分析矿井充水规律、开展水害预测及制定防治水措施的主要依据之一，也是矿井水害防治的必备图纸。一般采用采掘工程平面图作底图进行编制，比例尺为 1/2000 ~ 1/5000，主要内容有：

1. 各种类型的出（突）水点应当统一编号，并注明出水日期、涌水量、水位（水压）、水温及涌水特征。

2. 古井、废弃井巷、采空区、老硐等的积水范围和积水量。

3. 井下防水闸门、水闸墙、放水孔、防隔水煤（岩）柱、泵房、水仓、水泵台数及能力。

4. 井下输水路线。

5. 井下涌水量观测站（点）的位置。

6. 其他。

3. 含水层的水质类型；

4. 含水层与主要开采煤层之间距离关系。

三、矿井水文地质剖面图

矿井水文地质剖面图主要是反映含水层、隔水层、褶曲、断裂构造等和煤层之间的空间关系。主要内容有：

1. 含水层岩性、厚度、埋藏深度、岩溶裂隙发育深度；

2. 水文地质孔、观测孔及其试验参数和观测资料；

3. 地表水体及其水位；

4. 主要井巷位置；

5. 主要开采煤层位置。

矿井水文地质剖面图一般以走向、倾向有代表性的地质剖面为基础。

四、矿井充水性图

矿井充水性图是综合记录井下实测水文地质资料的图纸，是分析矿井充水规律、开展水害预测及制定防治水措施的主要依据之一，也是矿井防治水的必备图纸。一般采用采掘工程平面图作底图进行编制，比例尺为 **1∶2000 或者 1∶5000**。主要内容有：

1. 各种类型的出（突）水点应当统一编号，并注明出水日期、涌水量、水位（水压）、水温及涌水特征；

2. 古井、废弃井巷、采空区、老硐等的积水范围和积水量；

3. 井下防水闸门、防水闸墙、放水孔、防隔水煤（岩）柱、泵房、水仓、水泵台数及能力；

4. 井下输水路线；

5. 井下涌水量观测站（点）的位置；

6. 其他。

矿井充水性图应当随采掘工程的进展定期补充填绘。

二、矿井涌水量与各种相关因素动态曲线图

矿井涌水量与各种相关因素动态曲线是综合反映矿井充水变化规律，预测矿井涌水趋势的图件。各矿应当根据具体情况，选择不同的相关因素绘制下列几种关系曲线图：

1. 矿井涌水量与降水量、地下水位关系曲线图。

2. 矿井涌水量与单位走向开拓长度、单位采空面积关系曲线图。

3. 矿井涌水量与地表水补给量或水位关系曲线图。

4. 矿井涌水量随开采深度变化曲线图。

六、矿井含水层等水位（压）线图

等水位（压）线图主要反映地下水的流场特征。水文地质复杂型和极复杂型的矿井，对主要含水层（组）应当坚持定期绘制等水位（压）线图，以对照分析矿井疏干动态。比例尺为 1/2000 ~ 1/10000。主要内容有：

1. 含水层、煤层露头线，主要断层线。

2. 水文地质孔、观测孔、井、泉的地面标高，孔（井、泉）口标高和地下水位（压）标高。

3. 河、渠、山塘、水库、塌陷积水区等地表水体观测站的位置、地面标高和同期水面标高。

4. 矿井井口位置、开拓范围和公路、铁路交通干线。

5. 地下水等水位（压）线和地下水流向。

6. 可采煤层底板下隔水层等厚线（当受开采影响的主含水层在可采煤层底板下时）。

7. 井下涌水、突水点位置及涌水量。

矿井充水性图应当随采掘工程的进展定期补充填绘。

五、矿井涌水量与相关因素动态曲线图

矿井涌水量与相关因素动态曲线是综合反映矿井充水变化规律，预测矿井涌水趋势的图件。各矿井应当根据具体情况，选择不同的相关因素绘制下列几种关系曲线图。

1. 矿井涌水量与降水量、地下水位关系曲线图；

2. 矿井涌水量与单位走向开拓长度、单位采空面积关系曲线图；

3. 矿井涌水量与地表水补给量或者水位关系曲线图；

4. 矿井涌水量随开采深度变化曲线图。

六、矿井含水层等水位（压）线图

等水位（压）线图主要反映地下水的流场特征。水文地质复杂型和极复杂型的矿井，对主要含水层（组）应当坚持定期绘制等水位（压）线图，以对照分析矿井疏干（降）动态。比例尺为 **1∶2000、1∶5000或者 1∶10000**。主要内容有：

1. 含水层、煤层露头线，主要断层线；

2. 水文地质孔、观测孔、井、泉的地面标高，孔（井、泉）口标高和地下水位（压）标高；

3. 河、渠、山塘、水库、塌陷积水区等地表水体观测站的位置、地面标高和同期水面标高；

4. 矿井井口位置、开拓范围和公路、铁路交通干线；

5. 地下水等水位（压）线和地下水流向；

6. 可采煤层底板隔水层等厚线（当受开采影响的主含水层在可采煤层底板下时）；

7. 井下涌水、突水点位置及涌水量。

七、区域水文地质图

区域水文地质图一般在 1/10000～1/100000 区域地质图的基础上经过区域水文地质调查之后编制。成图的同时，尚需写出编图说明书。矿井水文地质复杂型和极复杂型矿井，应当认真加以编制。主要内容有：

1. 地表水系、分水岭界线、地貌单元划分。
2. 主要含水层露头，松散层等厚线。
3. 地下水天然出露点及人工揭露点。
4. 岩溶形态及构造破碎带。
5. 水文地质钻孔及其抽水试验成果。
6. 地下水等水位线，地下水流向。
7. 划分地下水补给、径流、排泄区。
8. 划分不同水文地质单元，进行水文地质分区。
9. 附相应比例尺的区域综合水文地质柱状图、区域水文地质剖面图。

八、矿区岩溶图

岩溶特别发育的矿区，应当根据调查和勘探的实际资料编制矿区岩溶图，为研究岩溶的发育分布规律和矿井岩溶水防治提供参考依据。

岩溶图的形式可根据具体情况编制成岩溶分布平面图、岩溶实测剖面图或展开图等。

1. 岩溶分布平面图可在矿井综合水文地质图的基础上填绘岩溶地貌、汇水封闭洼地、落水洞、地下暗河的进出水口、天窗、地下水的天然出露点及人工出露点、岩溶塌陷区、地表水和地下水的分水岭等。

2. 岩溶实测剖面图或展开图，根据对溶洞或暗河的实际测绘资料编制。

七、区域水文地质图

区域水文地质图一般在 1：10000～1：100000 区域地质图的基础上经过区域水文地质调查之后编制。成图的同时，尚需写出编图说明书。矿井水文地质复杂型和极复杂型矿井，应当认真加以编制。主要内容有：

1. 地表水系、分水岭界线、地貌单元划分；

2. 主要含水层露头，松散层等厚线；

3. 地下水天然出露点及人工揭露点；

4. 岩溶形态及构造破碎带；

5. 水文地质钻孔及其抽水试验成果；

6. 地下水等水位线，地下水流向；

7. 划分地下水补给、径流、排泄区；

8. 划分不同水文地质单元，进行水文地质分区；

9. 附相应比例尺的区域综合水文地质柱状图、区域水文地质剖面图。

八、矿区岩溶图

岩溶特别发育的矿区，应当根据调查和勘探的实际资料编制矿区岩溶图，为研究岩溶的发育分布规律和矿井岩溶水防治提供参考依据。

岩溶图的形式可以根据具体情况编制成岩溶分布平面图、岩溶实测剖面图或者展开图等。

1. 岩溶分布平面图可以在矿井综合水文地质图的基础上填绘岩溶地貌、汇水封闭洼地、落水洞、地下暗河的进出水口、天窗、地下水的天然出露点及人工出露点、岩溶塌陷区、地表水和地下水的分水岭等；

2. 岩溶实测剖面图或者展开图，根据对溶洞或者暗河的实际测绘资料编制。

附录六　采掘工作面水害分析预报表和预测图模式

一、采掘工作面水害分析预报表

表 6 – 1　采掘工作面水害分析预测表

_____年___月___日

矿井	项号	预测水害地点	采掘队	工作面上下标高	名称	厚度/m	倾角/(°)	采掘时间	水害类型	水文地质简述	预防及处理意见	责任单位	备注
					煤　层								
某矿某井	1												
	2												
	3												
	4												
	5												

注：水害类型指地表水、孔隙水、裂隙水、岩溶水、老空水、断裂构造水、陷落柱水、钻孔水、顶板水、底板水等。

二、水害预测图

在矿井采掘工程图（月报图）上，按预报表上的项目，在可能发生水害的部位，用红颜色标上水害类型符号。符号图例如图 6 – 1 所示。

附录三　采掘工作面水害分析
预报表和预测图模式

一、采掘工作面水害分析预报表（附表3-1）

附表3-1　采掘工作面水害分析预测表

矿井	项号	预测水害地点	采掘队	工作面上下标高	煤层			采掘时间	水害类型	水文地质简述	预防及处理意见	责任单位	备注
					名称	厚度/m	倾角/(°)						
	1												
	2												
	3												
	4												
	5												

注：水害类型指地表水、孔隙水、裂隙水、岩溶水、老空水、断裂构造、陷落柱水、钻孔水、顶板水、底板水等。

二、水害预测图

在矿井采掘工程图（月报图）上，按预报表上的项目，在可能发生水害的部位，用红颜色标上水害类型符号。符号图例如附图3-1所示。

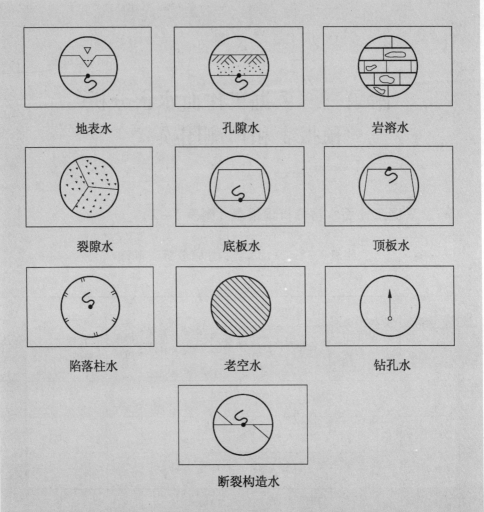

地表水 孔隙水 岩溶水

裂隙水 底板水 顶板水

陷落柱水 老空水 钻孔水

断裂构造水

图 6-1 矿井采掘工作面水害预测图例

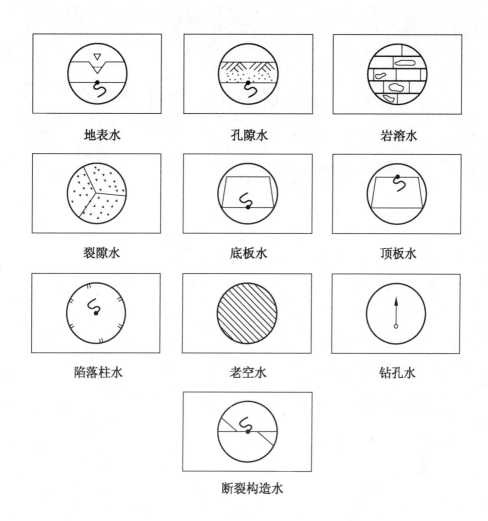

地表水　　　　　　孔隙水　　　　　　岩溶水

裂隙水　　　　　　底板水　　　　　　顶板水

陷落柱水　　　　　老空水　　　　　　钻孔水

断裂构造水

附图 3-1　矿井采掘工作面水害预测图例

附录五　安全水头压力值计算公式

一、掘进巷道底板隔水层

$$p = 2K_\mathrm{p} \frac{t^2}{L^2} + \gamma t \qquad\qquad (5-1)$$

式中　p——底板隔水层能够承受的安全水压，MPa；

　　　t——隔水层厚度，m；

　　　L——巷道宽度，m；

　　　γ——底板隔水层的平均重度，MN/m³；

　　　K_p——底板隔水层的平均抗拉强度，MPa。

二、采煤工作面

$$p = T_\mathrm{s} M \qquad\qquad (5-2)$$

式中　M——底板隔水层厚度，m；

　　　p——安全水压，MPa；

　　　T_s——临界突水系数，MPa/m。

T_s 值应当根据本区资料确定，一般情况下，在具有构造破坏的地段按 0.06 MPa/m 计算，隔水层完整无断裂构造破坏地段按 0.1 MPa/m 计算。

附录四 安全水头值计算公式

一、掘进巷道底板隔水层安全水头值计算公式

$$p_s = 2K_p \frac{t^2}{L^2} + \gamma t \qquad\qquad (附 4-1)$$

式中 p_s——底板隔水层安全水头值，MPa；

       t——隔水层厚度，m；

       L——巷道底板宽度，m；

       γ——底板隔水层的平均重度，MN/m³；

       K_p——底板隔水层的平均抗拉强度，MPa。

二、采煤工作面安全水头值计算公式

$$p_s = T_s M \qquad\qquad (附 4-2)$$

式中 p_s——底板隔水层安全水头值，MPa；

       M——底板隔水层厚度，m；

       T_s——临界突水系数，MPa/m。

T_s 值应当根据本区资料确定，一般情况下，底板受构造破坏的地段按 0.06 MPa/m 计算，隔水层完整无断裂构造破坏的地段按 0.1 MPa/m 计算。

附录四　安全隔水层厚度和突水系数
计　算　公　式

一、安全隔水层厚度计算公式

$$t = \frac{L(\sqrt{\gamma^2 L^2 + 8K_p p} - \gamma L)}{4K_p} \qquad (4-1)$$

式中　　t——安全隔水层厚度，m；

　　　　L——巷道底板宽度，m；

　　　　γ——底板隔水层的平均重度，MN/m³；

　　　　K_p——底板隔水层的平均抗拉强度，MPa；

　　　　p——底板隔水层承受的水头压力，MPa。

二、突水系数计算公式

$$T = \frac{p}{M} \qquad (4-2)$$

式中　　T——突水系数，MPa/m；

　　　　p——底板隔水层承受的水头压力，MPa；

　　　　M——底板隔水层厚度，m。

　　式（4-1）主要适用于掘进工作面，式（4-2）适用于回采和掘进工作面。按式（4-1）计算，如底板隔水层实际厚度小于计算值时，就是不安全的。按式（4-2）计算，就全国实际资料看，底板受构造破坏块段突水系数一般不大于 0.06 MPa/m，正常块段不大于 0.1 MPa/m。

附录五　安全隔水层厚度和突水系数
计　算　公　式

一、掘进工作面安全隔水层厚度计算公式

$$t = \frac{L(\sqrt{\gamma^2 L^2 + 8K_\mathrm{p}p} - \gamma L)}{4K_\mathrm{p}} \qquad (附5-1)$$

式中　　t——安全隔水层厚度，m；

L——巷道底板宽度，m；

γ——底板隔水层的平均重度，MN/m^3；

K_p——底板隔水层的平均抗拉强度，MPa；

p——底板隔水层承受的实际水头值，MPa。

二、突水系数计算公式

$$T = \frac{p}{M} \qquad (附5-2)$$

式中　　T——突水系数，MPa/m；

p——底板隔水层承受的实际水头值，MPa；**水压应当从含水层
顶界面起算，水位值取近 3 年含水层观测水位最高值**；

M——底板隔水层厚度，m。

式（附5-2）适用于**采煤**工作面，就全国实际资料看，底板受构
造破坏的地段突水系数一般不得大于 0.06 MPa/m，**隔水层完整无断裂
构造破坏的**地段不得大于 0.1 MPa/m。

附录三　防隔水煤（岩）柱的尺寸要求

一、煤层露头防隔水煤（岩）柱的留设

煤层露头防隔水煤（岩）柱的留设，按下列公式计算。

1. 煤层露头无覆盖或被黏土类微透水松散层覆盖时：

$$H_f = H_k + H_b \tag{3-1}$$

2. 煤层露头被松散富水性强的含水层覆盖时（图 3-1）：

$$H_f = H_L + H_b \tag{3-2}$$

式中　H_f——防隔水煤（岩）柱高度，m；

　　　H_k——采后垮落带高度，m；

　　　H_L——导水裂缝带最大高度，m；

　　　H_b——保护层厚度，m。

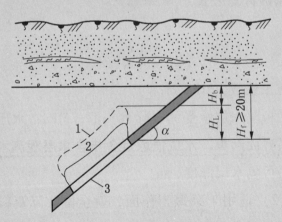

图 3-1　煤层露头被松散富水性强含水层覆盖时

防隔水煤（岩）柱留设图

附录六　防隔水煤（岩）柱的尺寸要求

一、煤层露头防隔水煤（岩）柱的留设

1. 煤层露头无覆盖或者被黏土类微透水松散层覆盖时，**其计算公式为**

$$H_f = H_k + H_b \qquad\qquad （附6-1）$$

2. 煤层露头被松散富水性强的含水层覆盖时（附图6-1），**其计算公式为**

$$H_f = H_d + H_b \qquad\qquad （附6-2）$$

式中　　H_f——防隔水煤（岩）柱高度，m；

$\quad\quad\quad H_k$——垮落带高度，m；

$\quad\quad\quad H_d$——最大导水裂隙带高度，m；

$\quad\quad\quad H_b$——保护层厚度，m。

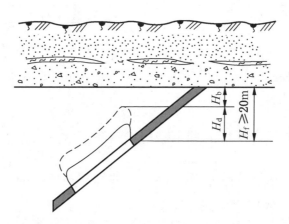

附图6-1　煤层露头被松散富水性强含水层覆盖时

防隔水煤（岩）柱留设图

根据式（3-1）、式（3-2）计算的值，不得小于20 m。式中H_k和H_L的计算，参照《建筑物、水体、铁路及主要井巷煤柱留设与压煤开采规程》的相关规定。

二、含水或导水断层防隔水煤（岩）柱的留设

含水或导水断层防隔水煤（岩）柱的留设（图3-2）可参照下列经验公式计算：

$$L = 0.5KM\sqrt{\frac{3p}{K_p}} \geqslant 20 \text{ m}$$

式中　　L——煤柱留设的宽度，m；

　　　　K——安全系数，一般取2～5；

　　　　M——煤层厚度或采高，m；

　　　　p——水头压力，MPa；

　　　　K_p——煤的抗拉强度，MPa。

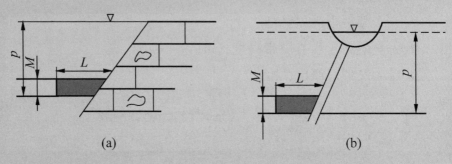

图3-2　含水或导水断层防隔水煤（岩）柱留设图

三、煤层与强含水层或导水断层接触防隔水煤（岩）柱的留设

煤层与强含水层或导水断层接触，并局部被覆盖时（图3-3），防隔水煤（岩）柱的留设要求如下：

1. 当含水层顶面高于最高导水裂缝带上限时，防隔水煤（岩）柱可按图3-3a、图3-3b留设。其计算公式为：

式中 H_k、H_d 的计算，参照《建筑物、水体、铁路及主要井巷煤柱留设与压煤开采规范》的相关规定。

二、含水或者导水断层防隔水煤（岩）柱的留设

可以参照下列经验公式计算（附图6-2）：

$$L = 0.5KM\sqrt{\frac{3p}{K_P}}$$　　　　　　　　（附6-3）

式中　　L——煤柱留设的宽度，m；

　　　　K——安全系数，一般取2～5；

　　　　M——煤层厚度或者采高，m；

　　　　p——实际水头值，MPa；

　　　　K_p——煤的抗拉强度，MPa。

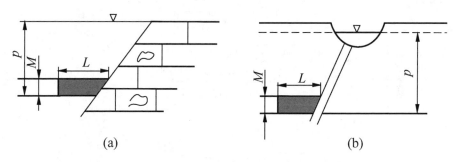

附图6-2　含水或者导水断层防隔水煤（岩）柱留设图

三、煤层与强含水层或者导水断层接触防隔水煤（岩）柱的留设

1. 当含水层顶面高于最高导水裂隙带上限时，防隔水煤（岩）柱可以按附图6-3a、附图6-3b留设。其计算公式为

$$L = L_1 + L_2 + L_3 = H_a \csc\theta + H_L \cot\theta + H_L \cot\delta \qquad (3-3)$$

2. 最高导水裂缝带上限高于断层上盘含水层时，防隔水煤（岩）柱按图 3-3c 留设。其计算公式为：

$$L = L_1 + L_2 + L_3 = H_a(\sin\delta - \cos\delta\cot\theta) +$$
$$(H_a\cos\delta + M)(\cot\theta + \cot\delta) \geqslant 20 \text{ m} \qquad (3-4)$$

式中　　　　L——防隔水煤（岩）柱宽度，m；

　　　L_1、L_2、L_3——防隔水煤（岩）柱各分段宽度，m；

　　　　　H_L——最大导水裂缝带高度，m；

　　　　　　θ——断层倾角，（°）；

　　　　　　δ——岩层塌陷角，（°）；

　　　　　M——断层上盘含水层层面高出下盘煤层底板的高度，m；

　　　　　H_a——断层安全防隔水煤（岩）柱的宽度，m。

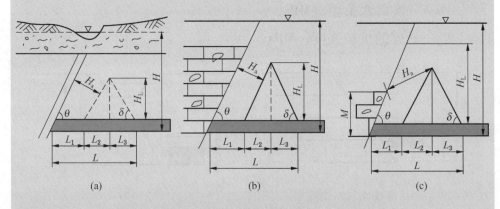

图 3-3　煤层与富水性强的含水层或导水断层
接触时防隔水煤（岩）柱留设图

H_a 值应当根据矿井实际观测资料来确定，即通过总结本矿区在断层附近开采时发生突水和安全开采的地质、水文地质资料，计算其水压（p）与防隔水煤（岩）柱厚度（M）的比值（$T_s = p/M$），并将各点之值标到以 $T_s = p/M$ 为横轴，以埋藏深度 H_0 为纵轴的坐标纸上，找出 T_s 值的安全临界线（图 3-4）。

$$L = L_1 + L_2 + L_3 = H_a \csc\theta + H_d \cot\theta + H_d \cot\delta \qquad (\text{附} 6-4)$$

2. 最高导水裂隙带上限高于断层上盘含水层时，防隔水煤（岩）柱按附图 6-3c 留设。其计算公式为

$$L = L_1 + L_2 + L_3 = H_a(\sin\delta - \cos\delta\cot\theta) +$$
$$(H_a\cos\delta + M)(\cot\theta + \cot\delta) \qquad (\text{附} 6-5)$$

式中　　　　L——防隔水煤（岩）柱宽度，m；

L_1、L_2、L_3——防隔水煤（岩）柱各分段宽度，m；

H_d——最大导水裂隙带高度，m；

θ——断层倾角，（°）；

δ——岩层塌陷角，（°）；

M——断层上盘含水层顶面高出下盘煤层底板的高度，m；

H_a——安全防隔水煤（岩）柱的宽度，m。

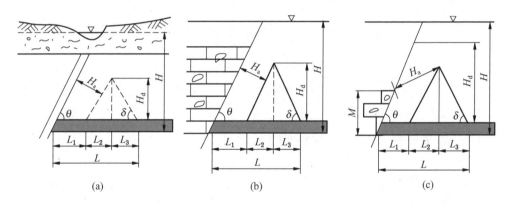

附图 6-3　煤层与富水性强的含水层或者导水

断层接触时防隔水煤（岩）柱留设图

H_a 值应当根据矿井实际观测资料来确定，即通过总结本矿区在断层附近开采时发生突水和安全开采的地质、水文地质资料，**按公式（附 5-2）**计算其**临界突水系数** T_s，并将各**计算值**标到以 T_s 为横轴、以埋藏深度 H_0 为纵轴的**坐标系内**，找出 T_s 值的安全临界线（附图 6-4）。

H_a 值也可以按下列公式计算：

$$H_a = \frac{p}{T_s} + 10$$

式中　p——防隔水煤（岩）柱所承受的静水压力，MPa；

　　　T_s——临界突水系数，MPa/m；

　　　10——保护带厚度，一般取 10 m。

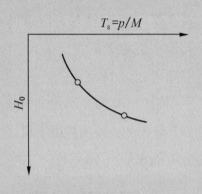

图 3 – 4　T_s 和 H_0 关系曲线图

本矿区如无实际突水系数，可参考其他矿区资料，但选用时应当综合考虑隔水层的岩性、物理力学性质、巷道跨度或工作面的空顶距、采煤方法和顶板控制方法等一系列因素。

四、煤层位于含水层上方且断层导水时防隔水煤（岩）柱的留设

在煤层位于含水层上方且断层导水的情况下（图 3 – 5），防隔水煤（岩）柱的留设应当考虑 2 个方向上的压力：一是煤层底部隔水层能否承受下部含水层水的压力；二是断层水在顺煤层方向上的压力。

当考虑底部压力时，应当使煤层底板到断层面之间的最小距离（垂距），大于安全煤柱的高度（H_a）的计算值，并不得小于 20 m。其计算公式为

H_a 值也可以按下列公式计算：

$$H_a = \frac{p}{T_s} + 10 \qquad\qquad （附6-6）$$

式中　p——防隔水煤（岩）柱所承受的实际水头值，MPa；

　　　T_s——临界突水系数，MPa/m；

　　　10——保护层厚度，一般取 10 m。

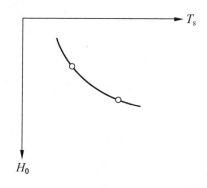

附图6-4　T_s 和 H_0 关系曲线图

本矿区如无实际突水系数，可以参考其他矿区资料，但选用时应当综合考虑隔水层的岩性、物理力学性质、巷道跨度或者工作面的空顶距、采煤方法和顶板控制方法等一系列因素。

四、煤层位于含水层上方且断层导水时防隔水煤（岩）柱的留设

1. 在煤层位于含水层上方且断层导水的情况下（附图6-5），防隔水煤（岩）柱的留设应当考虑2个方向上的压力：一是煤层底部隔水层能否承受下部含水层水的压力；二是断层水在顺煤层方向上的压力。

当考虑底部压力时，应当使煤层底板到断层面之间的最小距离（垂距），大于安全**防隔水煤（岩）柱**宽度 H_a 的计算值，但不得小于 20 m。其计算公式为

$$L = \frac{H_{\mathrm{a}}}{\sin\alpha} \geqslant 20 \ \mathrm{m}$$

式中　α——断层倾角，（°）；

　　　其余参数同前。

　　当考虑断层水在顺煤层方向上的压力时，按附录三之二计算煤柱宽度。

　　根据以上两种方法计算的结果，取用较大的数字，但仍不得小于20 m。

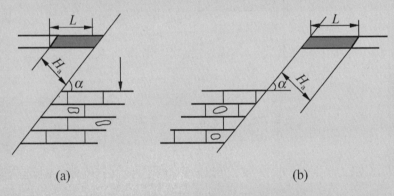

(a)　　　　　　　　　　　　　　　(b)

图 3 - 5　煤层位于含水层上方且断层导水时

防隔水煤（岩）柱留设图

　　如果断层不导水（图 3 - 6），防隔水煤（岩）柱的留设尺寸，应当保证含水层顶面与断层面交点至煤层底板间的最小距离，在垂直于断层走向的剖面上大于安全煤柱的高度（H_{a}）时即可，但不得小于 20 m。

五、水淹区或老窑积水区下采掘时防隔水煤（岩）柱的留设

　　1. 巷道在水淹区下或老窑积水区下掘进时，巷道与水体之间的最小距离，不得小于巷道高度的 10 倍。

　　2. 在水淹区下或老窑积水区下同一煤层中进行开采时，若水淹区或老窑积水区的界线已基本查明，防隔水煤（岩）柱的尺寸应当按附录

$$L = \frac{H_a}{\sin\alpha}$$ 　　　　　（附 6 - 7）

式中　　**L——防隔水煤（岩）柱宽度，m；**

　　　　H_a——安全防隔水煤（岩）柱的宽度，m；

　　　　α——断层倾角，（°）。

　　当考虑断层水在顺煤层方向上的压力时，按附录六之二计算煤柱宽度。

　　根据以上两种方法计算的结果，取用较大的数值，但仍不得小于20 m。

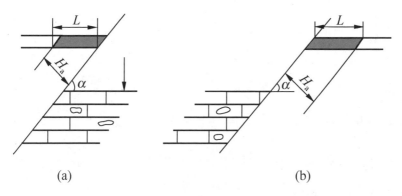

（a）　　　　　　　　　　　　　　（b）

附图 6 - 5　煤层位于含水层上方且断层导水时

防隔水煤（岩）柱留设图

　　2. 如果断层不导水（附图 6 - 6），防隔水煤（岩）柱的留设尺寸，应当保证含水层顶面与断层面交点至煤层底板间的最小距离，在垂直于断层走向的剖面上大于安全**防隔水煤（岩）柱**宽度 H_a，但不得小于 20 m。

五、水淹区域下采掘时防隔水煤（岩）柱的留设

　　1. 巷道在水淹区域下掘进时，巷道与水体之间的最小距离，不得小于巷道高度的 10 倍；

　　2. 在水淹区域下同一煤层中进行开采时，若水淹区域的界线已基本查明，防隔水煤（岩）柱的尺寸应当按附录六之二的规定留设；

三之二的规定留设。

3. 在水淹区下或老窑积水区下的煤层中进行回采时，防隔水煤（岩）柱的尺寸，不得小于导水裂缝带最大高度与保护带高度之和。

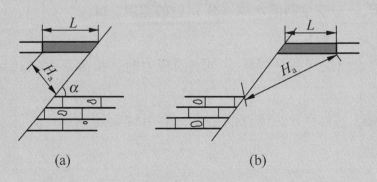

(a)   (b)

图 3 - 6　煤层位于含水层上方且断层不导水

时防隔水煤（岩）柱留设图

六、保护地表水体防隔水煤（岩）柱的留设

保护地表水体防隔水煤（岩）柱的留设，可参照《建筑物、水体、铁路及主要井巷煤柱留设与压煤开采规程》执行。

七、保护通水钻孔防隔水煤（岩）柱的留设

根据钻孔测斜资料换算钻孔见煤点坐标，按附录三之二的办法留设防隔水煤（岩）柱，如无测斜资料，应当考虑钻孔可能偏斜的误差。

八、相邻矿（井）人为边界防隔水煤（岩）柱的留设

1. 水文地质简单型到中等型的矿井，可采用垂直法留设，但总宽度不得小于 40 m。

2. 水文地质复杂型到极复杂型的矿井，应当根据煤层赋存条件、地质构造、静水压力、开采上覆岩层移动角、导水裂缝带高度等因素确定。

3. 在水淹区域下的煤层中进行回采时，防隔水煤（岩）柱的尺寸，不得小于**最大导水裂隙带高度**与保护层厚度之和。

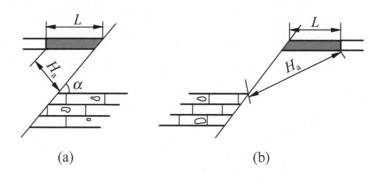

(a)   (b)

附图 6-6　煤层位于含水层上方且断层不导水时

防隔水煤（岩）柱留设图

六、保护地表水体防隔水煤（岩）柱的留设

保护地表水体防隔水煤（岩）柱的留设，可以参照《建筑物、水体、铁路及主要井巷煤柱留设与压煤开采规范》执行。

七、保护通水钻孔防隔水煤（岩）柱的留设

根据钻孔测斜资料换算钻孔见煤点坐标，按附录六之二的办法留设防隔水煤（岩）柱，如无测斜资料，应当考虑钻孔可能偏斜的误差。

八、相邻矿（井）人为边界防隔水煤（岩）柱的留设

1. 水文地质类型简单、中等的矿井，可以采用垂直法留设，但总宽度不得小于 40 m；

2. 水文地质类型复杂、极复杂的矿井，应当根据煤层赋存条件、地质构造、静水压力、开采煤层上覆岩层移动角、导水裂隙带高度等因素确定；

1）多煤层开采，当上、下两层煤的层间距小于下层煤开采后的导水裂缝带高度时，下层煤的边界防隔水煤（岩）柱，应当根据最上一层煤的岩层移动角和煤层间距向下推算（图 3-7a）。

2）当上、下两层煤之间的垂距大于下煤层开采后的导水裂缝带高度时，上、下煤层的防隔水煤（岩）柱，可分别留设（图 3-7b）。

导水裂缝带上限岩柱宽度 L_y 的计算，可采用下列公式：

$$L_y = \frac{H - H_L}{10} \times \frac{1}{T_s} \geqslant 20 \text{ m}$$

式中　L_y——导水裂缝带上限岩柱宽度，m；

　　　H——煤层底板以上的静水位高度，m；

　　　H_L——导水裂缝带最大值，m；

　　　T_s——水压与岩柱宽度的比值，可取 1。

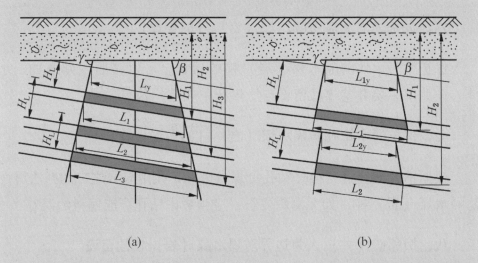

　　　　　　　(a)　　　　　　　　　　　　　　　(b)

H_L—导水裂缝带上限；H_1、H_2、H_3—各煤层底板以上的静水位高度；γ—上山

岩层移动角；β—下山岩层移动角；L_y、L_{1y}、L_{2y}—导水裂缝带上限岩柱宽度；

L_1—上层煤防水煤柱宽度；L_2、L_3—下层煤防水煤柱宽度

图 3-7　多煤层地区边界防隔水煤（岩）柱留设图

3. 多煤层开采，当上、下两层煤的层间距小于下层煤开采后的导水裂隙带高度时，下层煤的边界防隔水煤（岩）柱，应当根据最上一层煤的岩层移动角和煤层间距向下推算（附图6－7a）；当上、下两层煤之间的层间距大于下层煤开采后的导水裂隙带高度时，上、下煤层的防隔水煤（岩）柱，可以分别留设（附图6－7b）。

导水裂隙带上限岩柱宽度 L_y 的计算，可以采用下列公式：

$$L_y = \frac{H - H_d}{10} \times \frac{1}{\lambda} \qquad （附6－8）$$

式中　L_y——导水裂隙带上限岩柱宽度，m；

　　　H——煤层底板以上的静水位高度，m；

　　　H_d——最大导水裂隙带高度，m；

　　　λ——水压与岩柱宽度的比值，可以取1。

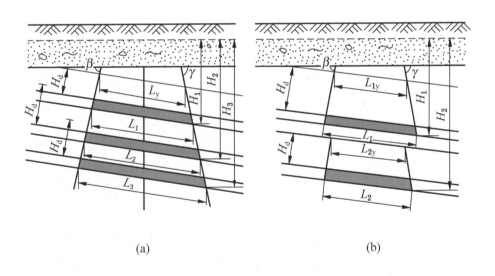

(a)　　　　　　　　　　(b)

L_y、L_{1y}、L_{2y}—导水裂隙带上限岩柱宽度；L_1—上层煤防水煤柱宽度；

L_2、L_3—下层煤防水煤柱宽度；γ—上山岩层移动角；β—下山岩层移动角；

H_d—最大导水裂隙带高度；H_1、H_2、H_3—各煤层底板以上的静水位高度

附图6－7　多煤层开采边界防隔水煤（岩）柱留设图

九、以断层为界的井田防隔水煤（岩）柱的留设

以断层为界的井田，其边界防隔水煤（岩）柱可参照断层煤柱留设，但应当考虑井田另一侧煤层的情况，以不破坏另一侧所留煤（岩）柱为原则（除参照断层煤柱的留设外，尚可参考图 3 - 8 所示的例图）。

九、以断层为界的井田防隔水煤（岩）柱的留设

以断层为界的井田，其边界防隔水煤（岩）柱可以参照断层煤柱留设，但应当考虑井田另一侧煤层的情况，以不破坏另一侧所留煤（岩）柱为原则（除参照断层煤柱的留设外，尚可参考附图6-8所示的例图）。

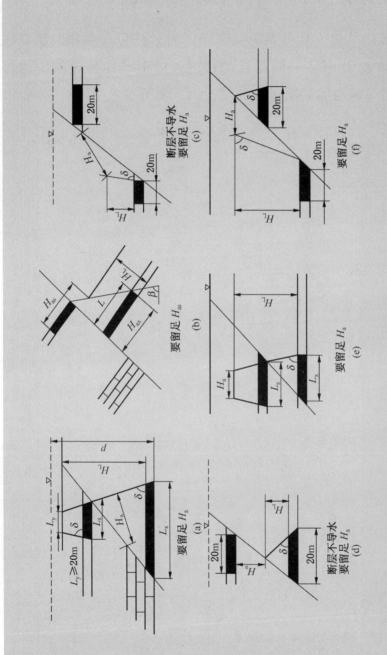

图 3－8　以断层分界的井田防隔水煤（岩）柱留设图

L—煤柱宽度；L_s、L_x—上、下煤层的煤柱宽度；L_y—导水裂缝带上限；H_a、H_{as}、H_{ax}—安全防水岩柱厚度；H_L—导水裂缝带上限至煤柱上限岩柱宽度；p—底板隔水层承受受的水头压力；

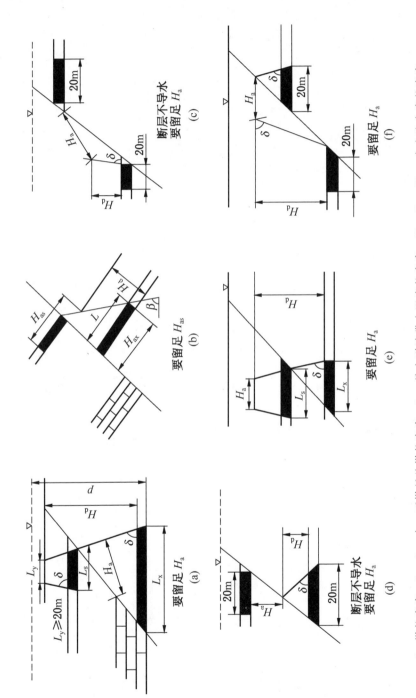

附图 6-8 以断层分界的井田防隔离水煤（岩）柱留设图

L—煤柱宽度；L_s、L_x—上、下煤层的煤柱宽度；L_y—导水裂隙带宽度；H_d—最大导水裂隙带高度；p—底板隔水层承受实际水头值；H_a、H_{as}、H_{ax}—安全防水岩柱宽度；

煤矿防治水细则系列图书订货单

基本信息	收货单位			地　址		
	联系人			电　话		
	发票抬头			发票种类	增值税普通发票（　）	增值税专用发票（　）
	开票信息					
	煤炭工业出版社	开户银行：交通银行北京育惠东路支行 账　号：110060664018170013687 联系电话：010－84657837				

购货明细	编号	书　名	定价（元）	数量（本）	总金额（元）	备　注
	1	煤矿防治水细则	18			
	2	《煤矿防治水细则》专家解读	52			
	3	煤矿防治水细则与煤矿防治水规定（条文对比）	36			
	4	开滦矿区防治水实践	40			
	5	冀中矿区防治水实践	45			
核对确认						

注：请在所选发票种类（　）里划√。